아이옷 만들기 : 쿠치토
CUCITO
winter & early spring

표지
촬영／藤田律子
헤어&메이크업／鵜久森真二
모델／佐藤美春
디자인／佐藤次洋
가방, 원피스／15 페이지 No.26·30

CUCITO／쿠치토【名】
이탈리아어. 바느질이라는 의미. 소잉을 좋아하는 사람도, 처음하는 사람도 한땀한땀 소잉을 즐기기를 원하기 때문에 작은 소원을 담아 이름을 붙였습니다.

contents

특별 선물 실물크기 패턴에 대해서

이 책에는 특별 선물로 실물크기 패턴이 2장 들어 있습니다. 게재 작품들은 직선으로만 된 패턴과 일부의 소품을 제외하고는 실물크기 패턴과 이를 이용해 응용하여 만드는 것이 가능합니다. 79페이지에 있는 「실물크기 패턴의 사용방법」을 잘 보신 후에 다른 종이에 옮겨 사용해주세요.

겨울에 입고 싶은

캐주얼웨어

이번 겨울에 만들어 입고 싶은 일상복을
심플한 디자인에서부터 유행하는 스타일
까지 다양하게 소개합니다. 꼭 한번 만들
어 주세요.

촬영／藤田律子　헤어&메이크업／鵜久森真二　페이지 디자인
／高橋一光（INSIDE）담당／名取美香、矢島悠子

아이들이 좋아할만한 디자인으로 만들어 주세요.
캐미솔 타입의 튜닉과 호박 팬츠의 조화가 멋진
옷입니다. 수수한 색상으로 만들어도 세련미가
물씬 나는 아이템입니다.

1 · 3 ＊ 튜닉
90 · 100 · 110 · 120cm
만드는 방법 ｜ 83 페이지

2 · 4 ＊ 팬츠
90 · 100 · 110 · 120cm
만드는 방법 ｜ 87 페이지

신장 ： 90cm　착용 사이즈 ： 90cm

5·7 ✳ 베스트
90·100·110·120cm
만드는 방법 | 106 페이지

6·8 ✳ 팬츠
90·100·110·120cm
만드는 방법 | 89 페이지

*3

*4

*1

*2

베이직한 베스트에는 레이어드 스타일의 팬츠를
매치해 주었습니다. 남자아이에게는 물론
여자아이에게도 추천하는 아이템입니다.

*7

*8

*5

*6

신장 : 100cm   착용 사이즈 : 100cm

5

*9

*10

숏 팬츠와 랩스커트가 하나로 된
아이템입니다. 프릴과 레이스가
아이돌 느낌을 더욱 더 돋보이게
해준답니다.

신장　110cm　착용 사이즈　110cm

10 　큐롯 팬츠
90 · 100 · 110 · 120cm
만드는 방법 88페이지

9 　큐롯 팬츠
90 · 100 · 110 · 120cm
만드는 방법 88페이지

오버스커트에는 같은 원단의 프릴을, 안에 있는
팬츠에는 레이스를 더해주었습니다.

라벨을 붙여볼까요?

디자인에 포인트를
주고 싶다면 라벨을
적극 추천합니다.
작품의 완성도를 한
층 업그레이드 시켜
줍니다.

6

*11

*12

11 · 12 ※ 원피스
90 · 100 · 110 · 120cm
만드는 방법 | 84 페이지

같은 패턴을 기본으로 응용해서 만든 원피스와 튜닉입니다. 만들기 쉽고, 입고
벗기도 편한 스모킹 타입은 엄마와 여자아이 모두의 마음에 쏙 드는 아이템.

*13

*14

13 · 14 ※ 튜닉
90 · 100 · 110 · 120cm
만드는 방법 | 84 페이지

간단한 디자인의 후드가 달린 판초, 겨울의 상징인 노르딕 문양이 프린트된
후라이스 원단을 사용하였습니다. 피부에 닿는 감촉이 좋은 보아 원단의
폭신폭신한 팬츠와 함께 해주세요.

신장　100cm　착용 사이즈　100cm

신장　99cm　착용 사이즈　100cm

16 · 18 ✳ 팬츠
90 · 100 · 110 · 120cm
만드는 방법 ｜ 106 페이지

15 · 17 ✳ 판초
90 · 100 · 110 · 120cm
만드는 방법 ｜ 90 페이지

studio-hana*아리가 에리 씨의

따뜻한 소재로 만드는
폭신폭신 동물 소품

풍성하고 폭신폭신한 따뜻한 소재로 만든 동물 모티브의 소품.
겨울철 동심을 자극하는 깜찍한 스타일로 만들었습니다.

studio-hana*
아리가 에리

프리랜서로 아동복 어패럴 기업에서
활약하면서 잡지 등에 작품 제공.
영유아나 아동의 의상 및 장난감,
통학용품 등 아기부터 엄마까지
입을 수 있는 옷 등, 다루는 분야가
다양하다.
3명의 아이와 고양이 한마리와 함께
사는 파워풀한 어머니 디자이너.
저서로는 「만들어 주고 싶은 동물
모티브가 깜찍한 베이비 소품」이
있다.

(여아) 신장 102cm 착용 사이즈 90~100cm
(남아) 신장 100cm 착용 사이즈 90~100cm (모자는 54cm)

작품 디자인·제작／アリガエリ　촬영／藤田律子　헤어&메이크업／田宮裕子
페이지 디자인／紫垣和江　일러스트／佐々木真由美　담당／名取美香、矢島悠子

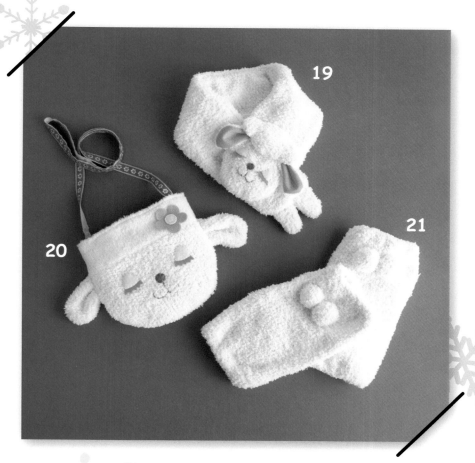

그린 색상의 속눈썹이 매혹적인 양 세트는
따뜻하고 세련된 아이템.
외출시에 빠져서는 안되는 필수 아이템이 되었어요.

19 머플러
90~100 · 110~120cm
만드는 방법 12페이지

20 숄더백
만드는 방법 12페이지

21 레그 워머
90~100 · 110~120cm
만드는 방법 12페이지

남자아이에게 적극 추천하는 곰돌이 세트입니다.
귀까지 덮어주는 모자와 벙어리 장갑. 수술 달린
레그 워머는 방한용품의 필수 아이템.

22 모자
머리 둘레 52 · 54cm
만드는 방법 13페이지

23 벙어리 장갑
90~100 · 110~120cm
만드는 방법 13페이지

24 레그 워머
90~100 · 110~120cm
만드는 방법 12페이지

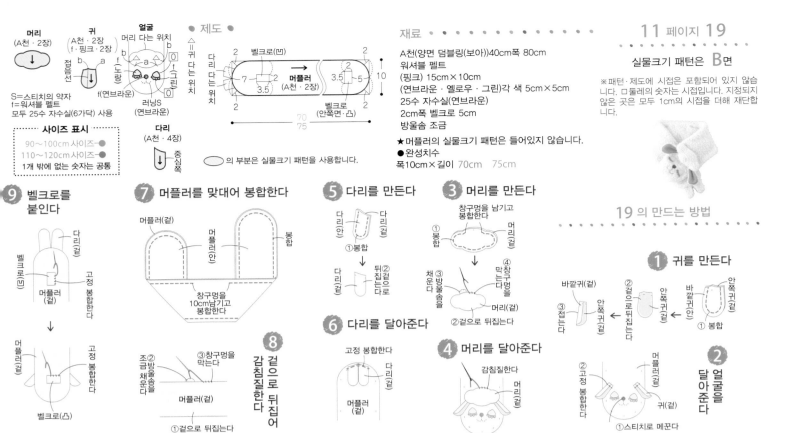

머리
(A천 · 2장)

접음선

귀
A천 · 2장
f · 핑크 · 2장
b
a
↓누

얼굴
(A천 · 2장)
머리 다는 위치
a
f(노랑)
b
러닝S
(연브라운)
f(연브라운)

S=스티치의 약자
f=워셔블 펠트
모두 25수 자수실(6가닥) 사용

사이즈 표시
90~100 사이즈 ●
110~120 사이즈 ●
1개 밖에 없는 숫자는 공통

다리
(A천 · 4장)
중심선

● 제도 ●

벨크로(凹)
7
2
3.5
3.5
5
머플러
(A천 · 2장)
벨크로
(안쪽면 凸)
2
2
2
10
70
75

다리 다는 위치

● 재료 ●

A천(양면 덤블링(보아)40cm폭 80cm
워셔블 펠트
(핑크) 15cm×10cm
(연브라운 · 옐로우 · 그린)각 색 5cm×5cm
25수 자수실(연브라운)
2cm폭 벨크로 5cm
방울솜 조금

★머플러의 실물크기 패턴은 들어있지 않습니다.
●완성치수
폭10cm×길이 70cm 75cm

ㅇ 의 부분은 실물크기 패턴을 사용합니다.

11 페이지 19

실물크기 패턴은 **B**면

※패턴 · 제도에 시접은 포함되어 있지 않습니다. ㅁ둘레의 숫자는 시접입니다. 지정되지 않은 곳은 모두 1cm의 시접을 더해 재단합니다.

19 의 만드는 방법

⑨ 벨크로를 붙인다

벨크로(凹)
다리(겉)
머플러(겉)
고정 봉합한다
↓
머플러(겉)
고정 봉합한다
벨크로(凸)

⑦ 머플러를 맞대어 봉합한다

머플러(겉)
머플러(안)
봉합
창구멍을 10cm남기고 봉합한다

② 조금방울솜 채운다
③창구멍을 막는다
머플러(겉)
①겉으로 뒤집는다

⑧ 겉으로 뒤집어 감침질한다

⑤ 다리를 만든다

다리(안)
다리(겉)
①봉합
↓
다리(겉)
뒤집겉는다로

⑥ 다리를 달아준다

고정 봉합한다
다리(겉)
머플러(겉)

③ 머리를 만든다

창구멍을 남기고 봉합한다
①봉합
머리(겉)
머리(겉)
④막창구멍을 다는
채운다방울솜을
②겉으로 뒤집는다
머리(겉)

④ 머리를 달아준다

감침질한다
머리(겉)

① 귀를 만든다

바깥귀(겉)
안쪽귀(겉)
겉으로 뒤집는다
①봉합
바깥귀(겉)
안쪽귀(안)
③접는다
안쪽귀(겉)

② 얼굴을 달아준다

②머플러(겉)
①고정 봉합한다
귀(겉)
①스티치로 메꾼다

---

11 페이지 21 · 24

실물크기 패턴은 들어있지 않습니다

※패턴 · 제도에 시접은 포함되어 있지 않습니다. ㅁ둘레의 숫자는 시접입니다. 지정되지 않은 곳은 모두 1cm의 시접을 더해 재단합니다.

24　　　21

No.24 재료

A천(양면 덤블링(보아))
60cm　70cm폭
30cm　40cm
1cm폭 고무밴드
90cm　100cm
4cm폭 프린지 테이프
60cm　70cm
●완성치수
(전체길이) 25cm　30cm

No.21 재료

A천(양면 덤블링(보아))
70cm　80cm폭
30cm　40cm
1cm폭 고무밴드
90cm　100cm
방울솜 조금
●완성치수
(전체길이) 25cm　30cm

● 제도 ●

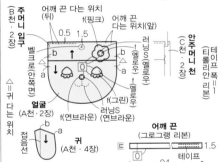

주머니 입구
(B천 · 2장)
어깨 끈 다는 위치(뒤)
0.5 1.5
f(핑크)
어깨 끈 다는 위치(앞)
벨크로(안쪽면)
b
a
b
a
러닝S
f(옐로우)
얼굴
(A천 · 2장)
러닝S
f(그린)
f(연브라운) (연브라운)
안주머니천
(C천 · 2장)
티롤리본안쪽면
테이프리본

어깨 끈
(그로그램 리본)
트
0
94 테이프
1.5

귀
(A천 · 4장)
접음선
b
a

△=귀 다는 위치

S=스티치의 약자
f=워셔블 펠트
모두 25수 자수실(6가닥) 사용

ㅇ 의 부분은 실물크기 패턴을 사용합니다.

● 재료 ●

A천(양면 덤블링(보아))80cm폭 20cm
B천(니트 무지)50cm폭 10cm
C천(코튼 프린트)50cm폭 30cm
워셔블 펠트
(핑크 · 옐로우)각 색 10cm×10cm
(연브라운 · 그린)각 색 5cm×5cm
25수 자수실(연브라운 · 옐로우)
지름 1.5cm폭의 벨크로 5cm
1.5cm폭 그로그램 리본 100cm
1cm폭 장식 테이프 100cm
★어깨 끈의 실물크기 패턴은 포함되어 있지 않습니다.
●완성치수
세로18cm×가로19cm

11 페이지 20

실물크기 패턴은 **D**면

※패턴 · 제도에 시접은 포함되어 있지 않습니다. ㅁ둘레의 숫자는 시접입니다. 지정되지 않은 곳은 모두 1cm의 시접을 더해 재단합니다.

20의 만드는 방법

봉합의 시작과 끝은 되돌아박기를 합니다.

⑧ 창구멍을 막는다

③봉합
①겉으로 뒤집는다
④벨크로를 붙인다
안주머니천(겉)
②창구멍을 감침질한다

⑥ 어깨 끈을 만든다

어깨 끈(겉)
①테이프를 덧댄다
②봉합

⑦ 어깨 끈을 끼우고, 입구를 봉합한다

주머니 입구천(안)
②어깨 끈을 끼운다
③봉합
안주머니천(안)
①가름솔한다

⑨ 아플리케 장식을 달아준다

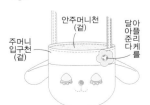
안주머니천(겉)
주머니 입구천(겉)
달아아플준리다케를
①가름솔한다

④ 귀를 끼우고, 겉주머니를 만든다

주머니 입구(겉)
②봉합
주머니 입구(안)
①귀를 끼운다
얼굴(안)

⑤ 안주머니를 만든다

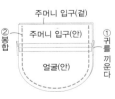
안주머니천(겉)
봉합
안주머니천(안)
10~12cm 남기고 봉합한다

① 주머니 입구천을 달아준다

봉합
주머니 입구(안)
얼굴(겉)

② 얼굴을 달아준다

주머니 입구(겉)
②감침질한다
①시접을 펼친다
얼굴(겉)

③ 귀를 만든다

귀(겉)
③접는다
②뒤집겉는다로
귀(겉)
귀(겉)
귀(안)
①봉합

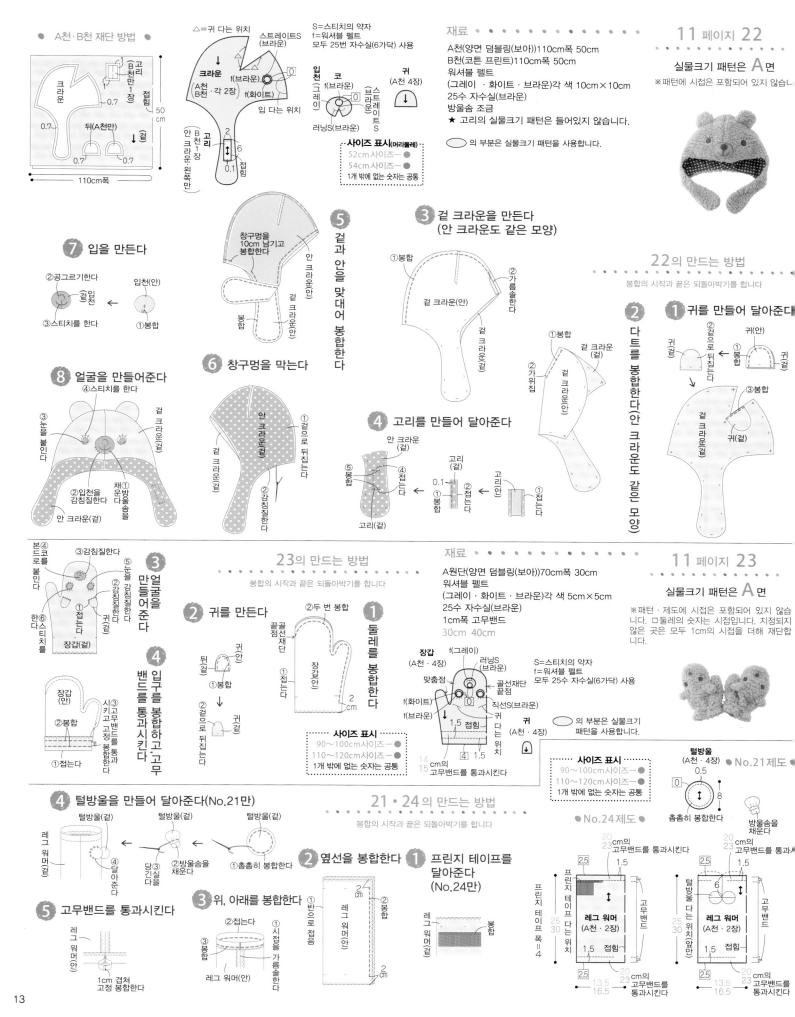

(남아) 신장 100cm
착용 사이즈 100cm
* 엄마는 M사이즈를 착용하였지만, 모델의 키에 맞춰 길이를 조절하였습니다.

겨울의 WARDROBE

부모와 아이들이 사이좋게 모이는 크리스마스 파티나 연말연시 모임에 추천하는 세련된 커플룩을 모아봤습니다.
이번 겨울에도 커플룩에 한번 도전해보세요.

촬영／藤田律子　모델／ヒロミ　헤어&메이크업／鵜久森真二　페이지 디자인／橋本祐子　담당／名取美香、野崎文乃

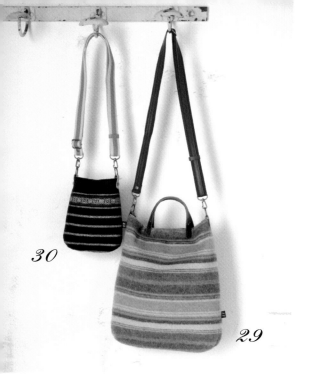

30

29

26

Girl

25

Mom

28

Boy

27

Boy

라벨을 붙여볼까요?

디자인에 은은한 포인트로
라벨을 붙여보는 건 어떠
세요?
작품이 훨씬 더 세련되어
보인답니다.

따스한 울 혼방 보더 프린트를 사용한
원피스와 풀오버는 심플한 실루엣이므로
레이스나 배색천으로 포인트를 주었습니다.
함께 매치할 캐주얼 백도 추천해 드립니다.
남자아이에게는 빈티지풍의 데님으로 만든
팬츠를 매치하였습니다.

신장 97cm 착용 사이즈 100cm

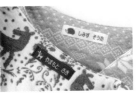

베스트는 옷맵시에 있어 포인트가 되는 편리한 아이템.
크기가 다른 단추를 잔뜩 달아준. 어디에나 매치하기 쉬운 디자인입니다.

Mom

32

Dadd

31

34

33

Girl

Boy

31 **베스트**
남성용 M・L
만드는 방법 92페이지

32 **베스트**
여성용 S・M・L
만드는 방법 92페이지

33 **베스트**
90・100・110・120cm
만드는 방법 92페이지

34 **베스트**
90・100・110・120cm
만드는 방법 92페이지

신장 100cm 착용 사이즈 100cm

16

(여아) 신장 97cm 착용 사이즈 100cm
* 엄마는 M사이즈를 착용했지만, 모델의 키에 맞춰 길이를 조절하였습니다.

주목할 만한 튤 스커트로 여성스러움을 한층 Up! 시켜드리겠습니다. 엄마용은 심플하게, 여자아이용은 레이스나 작은 리본을 달아주어 깜찍하게 디자인하였습니다.

35 스커트
S · M · L
만드는 방법 94페이지

36 스커트
90 · 100 · 110 · 120cm
만드는 방법 94페이지

Mom

35

추천합니다!

브로치핀이나 고무밴드, 헤어밴드 등에
달아주는 것만으로도 멋진 액세서리로 변신하는,
새틴으로 감아 만든 장미와 리본.
튤 스커트에도 잘 어울립니다.

Girl

36

40

Girl

39

37

Mom

38

엄마와 여자아이에게 딱 어울릴 만한 숏 팬츠.
옷깃둘레에서부터 가슴 중앙까지 프릴을 잔뜩 넣어 장식한 튜닉으로
내추럴한 스타일을 뽐내보세요.

42

Girl

41

Mom

41 팬츠
S・M・L
만드는 방법 96페이지

42 팬츠
90・100・110・120cm
만드는 방법 96페이지

37・38 튜닉
S・M・L
만드는 방법 100페이지

39・40 튜닉
90・100・110・120cm
만드는 방법 100페이지

라벨을 붙여볼까요?

마음에 드는 라벨을 골라
붙여보는건 어떠세요?
작품의 완성도를 한층
업그레이드 시켜준답니
다.

(여아) 신장 110cm
착용사이즈 110cm

* 엄마는 M사이즈를 착용했지만,
모델의 키에 맞춰 길이를 조절
하였습니다.

시간이 지나도 색이 바라지 않는 빈티지 이미지를 표현할 엄마와 여자아이를 위한 새로운 스타일을 소개합니다. 이번 호에서는 그 중에서도 아름다운 꽃무늬와 깜찍한 도트 그리고 꽃무늬를 사용한 레이어드풍의 원피스를 소개합니다.

촬영／藤田律子　모델／ヒロミ　헤어&메이크업／鵜久森真二
페이지 디자인／橋本祐子　담당／名取美香、野崎文乃

(여아) 신장 99cm 착용 사이즈 100cm
＊ 엄마는 M사이즈를 착용했지만, 모델의 키에 맞춰 길이를 조절하였습니다.

43 원피스
90 · 100 · 110 · 120cm
만드는 방법 102페이지

44 원피스
S · M · L
만드는 방법 102페이지

엄마와 여자아이의
화려한 Winter · Style

표범 무늬의 본딩 원단과 보아 원단이
양면으로된 따뜻한 소재로 엄마의 케이프
와 여자아이의 판초 & 팬츠를 만들었습니
다. 겉과 안을 효율적으로 사용하여 레이
어드 느낌을 살린 것이 포인트입니다.
의외로 간단하게 만들 수 있으므로 꼭
한번 도전해보세요.

45 케이프
성인 프리 사이즈
만드는 방법 96페이지

46 판초
90 · 100 · 110 · 120cm
만드는 방법 105페이지

47 팬츠
90 · 100 · 110 · 120cm
만드는 방법 104페이지

(여아) 신장 110cm 착용 사이즈 110cm
＊엄마는 M사이즈를 착용했지만, 모델의 키에 맞춰 길이를 조절하였습니다.

45

47

46

촬영／藤田律子（p.20）、腰塚良彦（p.21）　모델／ヒロミ
헤어&메이크업／鵜久森真二　작품제작／渋澤富砂幸
페이지 디자인／佐藤次洋　담당／名取美香、野崎文乃

패션스타트에서 전해온 Fabric letter

덤블링... 그 매력에 대하여

추운 겨울바람, 뼛속까지 시리는 추위를 달래기 위한 가장 좋은 아이템은 바로 따뜻한 옷이다.
'옷이 날개다' 란 말이 있듯이 추울 때는 따뜻한 옷이 날개가 되기도 한다. 따뜻함도 주고 멋도 살리는 날개 같은 옷,
포근포근 겨울 필수 패브릭 덤블링으로 한 벌 만들어 보자. 패션스타트에서는 겨울을 맞이하여 부드러운 촉감에 뛰어난
보온성까지 겸비한 효자 패브릭, 덤블링을 다양한 스타일로 준비하였다. 자, 이제 월동 준비하러 GOGO~!!

무지 스타일

소프트 초극세사 양면덤블링(보아) 스판

흔히 사용하는 덤블링 조직의 패브릭으로 안감이 필요없는 양면 덤블링은 수면양말, 간편하게 입는 조끼, 담요 등을 만들면 좋은 패브릭입니다.

백아이　아이보리

핑크　네이비

블랙　그레이

브라운

원단 폭 : 150cm
구성 : 폴리에스테르

부드러운 초극세사 롱파일 단면 덤블링(보아)

고급스럽고 포근한 롱파일 덤블링입니다. 파일 길이가 길어 퍼원단의 느낌이 나는 패브릭으로 망토나 자켓 등 의류에 많이 사용하는 패브릭입니다.

베이지　핑크

백아이보리　아이보리

원단 폭 : 150cm
구성 : 폴리에스테르

소프트 솔잎사 단면 덤블링(보아)

솔잎사를 넣어 약간 거친느낌의 조직이 매력적인 덤블링 스타일로 더욱 포근해보이고 따뜻해 보이는 점이 포인트입니다. 코트나 점퍼 등 아우터에 잘 어울리는 패브릭입니다.

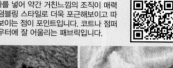

연브라운　인디핑크

아이보리　연베이지

베이지

원단 폭 : 155cm
구성 : 폴리에스테르

소프트 초극세사 단면 덤블링(보아) 스판

기본 스타일의 단면 덤블링으로 점퍼나 조끼의 안감, 트리밍 장식 등에 사용하기 좋은 패브릭입니다.

아이보리　화이트

진베이지　블랙

네이비

원단 폭 : 150cm
구성 : 폴리에스테르

초극세사 왕 덤블링

파일조직이 더 크게 뭉쳐진 덤블링 스타일입니다. 보온성은 유지하며 또 다른 스타일의 덤블링 아이템을 만들고 싶다면 조직감을 달리한 왕 덤블링을 선택하세요.

진베이지　백아이

블랙

원단 폭 : 150cm
구성 : 폴리에스테르

나염 스타일

소프트 초극세사 하트 양면덤블링(보아)

하트뽕뽕 ~ 사랑하는 사람을 위한 하트무늬 프린트가 매력적인 덤블링 스타일입니다. 양면 덤블링으로 수면바지, 담요 등을 만들기에 좋은 패브릭입니다.

핑크　스카이

원단 폭 : 150cm
구성 : 폴리에스테르

소프트 덤블링(보아) 하트베어

아이들이 좋아하는 곰돌이 무늬가 프린트된 덤블링 스타일입니다. 양면 초극세사 패브릭으로 부드러운 터치감과 보온성이 매력적입니다.

스카이　핑크

원단 폭 : 160cm
구성 : 폴리에스테르

패션스타트
www.fashionstart.net
대표번호 1644-8957

본 상품은 패션스타트(www.fashionstart.net)에서 구입하실 수 있습니다.
더 많은 덤블링 원단을 만나고 싶다면 큐알코드를 찍어주세요~

대한민국 NO.1 패션 D.I.Y 쇼핑몰
Fashion start

만들어 주고 싶어요!

유아원·유치원 아이들의 소품

매일 유아원·유치원에 다니는 것이 즐거워질 수 있게 컬러풀한 색상의 소품들을 소개합니다. 손잡이나 끈 등의 부속품에도 신경을 써 준다면, 아이들도 분명 매우 기뻐할 것입니다.꼭 만들어 주세요~

신장 111cm
착용 사이즈 110cm

49

신장 107cm
착용 사이즈 110cm

48

촬영／藤田律子 （p.22~23）、腰塚良彦 （p.25）　작품제작／酒井三菜子 （No.48・49）、清野孝子 （No.50~52）、東海林清美 （No.53・54）、金丸かほり （No.55~57）
페이지 디자인／橋本祐子　일러스트／榊原由香里　담당／名取美香、矢島悠子

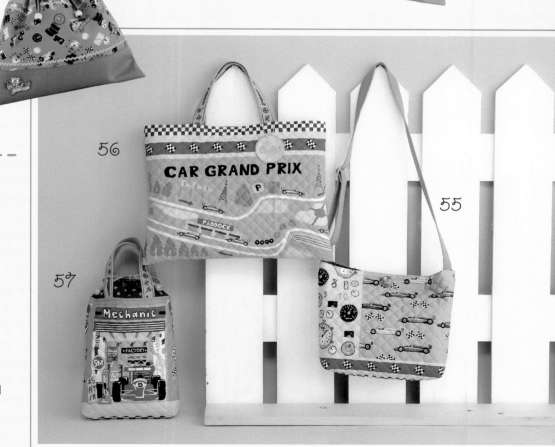

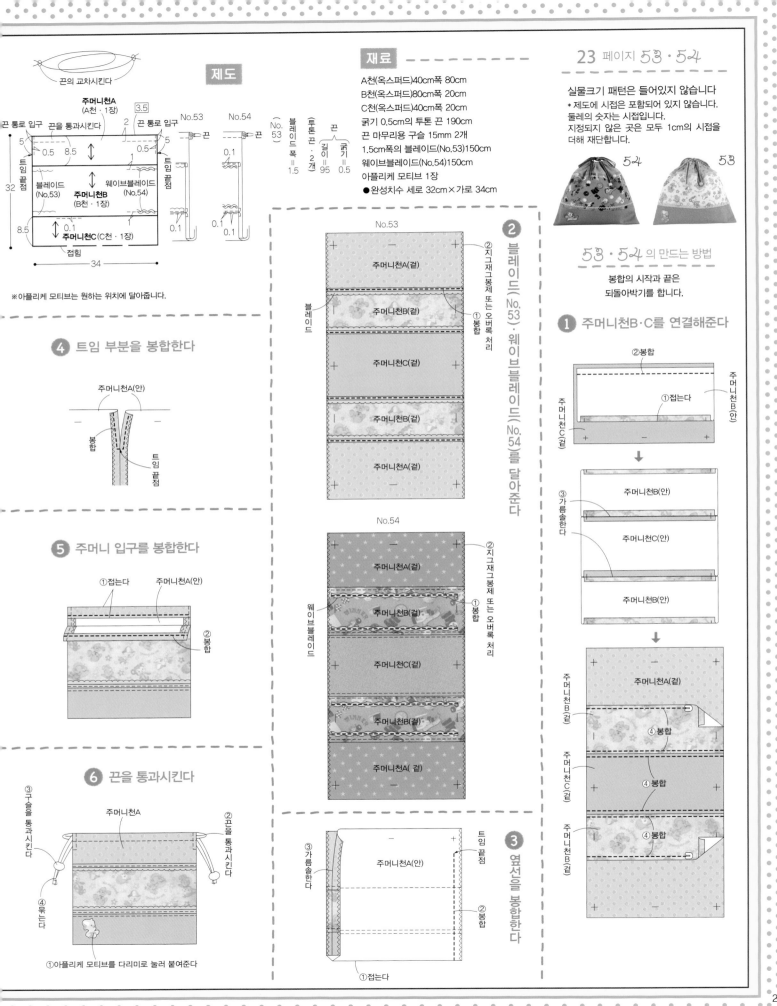

제도

끈의 교차시킨다

주머니천A (A천·1장) 3.5

끈 통로 입구　끈을 통과시킨다
2　끈 통로 입구

5　0.5　8.5　　0.5　5

틈임끝점　1　틈임끝점

32

블레이드 (No.53)　웨이브블레이드(No.54)

주머니천B (B천·1장)

8.5　0.1　0.1

주머니천C (C천·1장)

접힘

34

No.53　끈
No.54　끈

블레이드 폭 = 1.5

투톤 끈 길이=95 굵기=0.5 No.53

※아플리케 모티브는 원하는 위치에 달아줍니다.

재료

A천(옥스퍼드)40cm폭 80cm
B천(옥스퍼드)80cm폭 20cm
C천(옥스퍼드)40cm폭 20cm
굵기 0.5cm의 투톤 끈 190cm
끈 마무리용 구슬 15mm 2개
1.5cm폭의 블레이드(No.53)150cm
웨이브블레이드(No.54)150cm
아플리케 모티브 1장
●완성치수 세로 32cm×가로 34cm

실물크기 패턴은 들어있지 않습니다
* 제도에 시접은 포함되어 있지 않습니다.
둘레의 숫자는 시접입니다.
지정되지 않은 곳은 모두 1cm의 시접을
더해 재단합니다.

54　53

53·54 의 만드는 방법

봉합의 시작과 끝은
되돌아박기를 합니다.

❶ 주머니천B·C를 연결해준다

②봉합
①접는다
주머니천C(겉)
주머니천B(안)

③가름솔한다
주머니천B(안)
주머니천C(안)
주머니천B(안)

주머니천A(겉)
④봉합
주머니천C(겉)
④봉합
주머니천B(겉)

❷ 블레이드((No.53)·웨이브블레이드((No.54)를 달아준다

No.53
주머니천A(겉)
주머니천B(겉)
주머니천C(겉)
주머니천B(겉)
주머니천A(겉)
블레이드
②지그재그봉제 또는 오버록 처리
①봉합

No.54
웨이브블레이드
주머니천A(겉)
주머니천B(겉)
주머니천C(겉)
주머니천B(겉)
주머니천A(겉)
②지그재그봉제 또는 오버록 처리
①봉합

❸ 옆선을 봉합한다

③가름솔한다
주머니천A(안)
틈임 끝점
②봉합
①접는다

❹ 틈임 부분을 봉합한다

주머니천A(안)
봉합
틈임 끝점

❺ 주머니 입구를 봉합한다

①접는다
주머니천A(안)
②봉합

❻ 끈을 통과시킨다

③구슬을 통과시킨다
주머니천A
②끈을 통과시킨다
④묶는다
①아플리케 모티브를 다리미로 눌러 붙여준다

Bon Poche 시리즈

귀여운 내 아이에게 깜찍한 소품과 옷을 만들어 주고 싶다면, 고민하지 말고 Bon Poche 시리즈를 "클릭 클릭" 하세요!
다양한 스타일과 다양한 컬러로 선택의 폭이 넓답니다! 내 아이에게 딱! 어울리는 스타일과 컬러를 골라보세요~

코튼(기요하라) 본포쉐BPF10

구성 : 코튼 100% / 원단 폭 : 110cm / 제조사 : 기요하라 (Made in Japan)
형형색색 컬러의 조화가 돋보이는 마리니아파트 시리즈입니다. 갖가지 동물이 액자에 걸려있네요~ 좋아하는 동물을 찾아보세요.

그린　　　　　블루　　　　　옐로우　　　　　핑크

코튼(기요하라) 본포쉐BPF11

구성 : 코튼 100% / 원단 폭 : 110cm / 제조사 : 기요하라 (Made in Japan)
소곤소곤대는 말풍선 프린트가 매력적인 공부방 시리즈입니다. 어떤 말을 하는지 상상해보세요 ~ 한층 재미있는 패브릭 세상이 열립니다.

그레이　　　　도트 블루　　　도트 그린　　　도트 블루

코튼(기요하라) 본포쉐BPF13

구성 : 코튼 100% / 원단 폭 : 110cm / 제조사 : 기요하라 (Made in Japan)
스트라이프 패턴 위에 여러 종류의 귀여운 동물들이 프린트된 꽃과 동물 시리즈입니다. 좋아하는 동물 부분을 사용하여 유쾌하고 귀여운 아이템을 만들어보세요.

  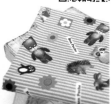

그레이　　　　　　그린　　　　　　블루

옐로우　　　　　　핑크

 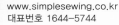

Simple Sewing 심플소잉

본포쉐
www.simplesewing.co.kr
대표번호 1644-5744
본 상품은 심플소잉(www.simplesewing.co.kr)사이트에서 구입하실 수 있습니다.
더 많은 본포쉐 원단을 만나고 싶다면 큐알코드를 찍어주세요~

Raincoat(기요하라) 본포쉐BOF9 비오는날 놀이

구성 : 나일론 100% / 원단 폭 : 112cm / 제조사 : 기요하라 (Made in Japan)
고밀도 하이포라 원단으로 젖을 염려가 없는, 비오는 날에 필요한 소품이나 의상을 만들 때 꼭 필요한 "본포쉐 비오는날" 시리즈입니다. 귀여운 곰돌이와 우비를 입은 소녀가 깜찍하네요~

도트 옐로우그린　　　　　　　도트 레드

도트 그린　　　　　　　도트 블루

코튼(기요하라) 본포쉐BOF8 비오는날 양샤링

구성 : 코튼 100% / 원단 폭 : 110cm / 제조사 : 기요하라 (Made in Japan)
원단의 양쪽 끝단에 무늬가 프린팅되어 있어 따로 패치하거나 장식하지 않아도 멋진 작품을 만들 수 있습니다. 캔버스 조직으로 직조되어 도톰하므로 가방이나 파우치, 신발 주머니 등을 만드는 데에 적합해요~ 내 아이에게 귀여운 작품을 만들어주세요.

베이지　　　　　　　　오렌지

옐로우　　　　　　　　블루

코튼(기요하라) 본포쉐BOFO2 숲속 탐험대 양샤링

구성 : 코튼 100% / 원단 폭 : 110cm / 제조사 : 기요하라 (Made in Japan)
숲속을 탐험하고 있는 귀여운 친구들의 모습이 담긴 숲속 탐험대 양샤링입니다. 캔버스 조직으로 직조되어 톡톡한 원단감이 참 좋아요~ 두근두근함이 가득한 탐험, 지금부터 함께 떠나볼까요~!

옐로우　　　　　　　　블루

오렌지

코튼(기요하라) 본포쉐BOFO1 체크 & 알파벳

구성 : 코튼 100% / 원단 폭 : 110cm / 제조사 : 기요하라 (Made in Japan)
얇고 부드럽고 유연한 평직으로 직조된 체크 & 알파벳 시리즈입니다. 원단의 체크 패턴 위에 귀여운 동물들과 알파벳이 가득하네요~ 알파벳을 찾으며 영어공부를 해보세요.

 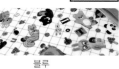

옐로우　　　　　　　　블루

핑크

초보자도 간단히 만들수 있는!
통원·통학용품

58 손가방
만드는 방법 30페이지 (사진설명서 수록)

59 신발주머니
만드는 방법 31페이지 (사진설명서 수록)

소잉을 처음 시작하는 엄마들도 간단하게 만들 수 있는 통원·통학용품 만드는 방법을 사진으로 설명하였습니다. 엄마가 직접 만든 핸드메이드 용품이 있다면 학교생활 또한 즐거워질 것입니다!

[기본 아이템인 손가방과 신발주머니는 같은 원단으로 한번 만들어주세요. 손가방에는 이니셜 와펜을 사용 하여 아이의 이름을 장식해주세요.]

촬영／藤田律子（p.26 ～ 29）、腰塚良彦（p.30 ～ 35） 헤어&메이크업／田宮裕子
일러스트／佐々木真由美 페이지 디자인／佐藤次洋 담당／名取美香、矢島悠子

60 파우치 小
61 파우치 中
62 파우치 大
만드는 방법 32페이지
(사진설명서 수록)

63 파우치 大
64 파우치 中
65 파우치 小
만드는 방법 32페이지
(사진설명서 수록)

66 손가방
만드는 방법 30페이지
(사진설명서 수록)

67 신발주머니
만드는 방법 31페이지
(사진설명서 수록)

[갈아입을 옷 주머니나 체육복 주머니, 앞치마 주머니, 급식 주머니 등 여러 종류의 주머니가 필요합니다. 이럴 때 大·中·小 세 가지 크기의 파우치가 있으면 유용합니다!]

네임라벨 달기는 내게 맡겨라! 「장식라벨」, 「네임라벨」, 「열전사지」 등 용도에 맞게 적절히 사용되는 네임라벨은 공통되는 디자인을 세트를 갖춰두면 자신만의 상표가 되어 편리합니다.

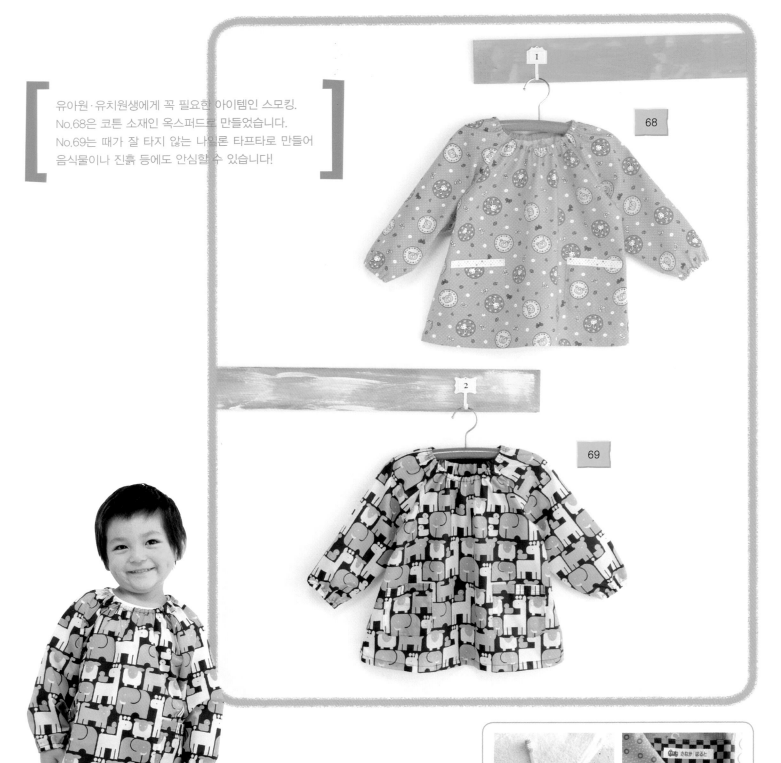

유아원·유치원생에게 꼭 필요한 아이템인 스모킹.
No.68은 코튼 소재인 옥스퍼드로 만들었습니다.
No.69는 때가 잘 타지 않는 나일론 타프타로 만들어
음식물이나 진흙 등에도 안심할수 있습니다!

68

69

68 스모킹
90·100·110·120cm
만드는 방법 34페이지
(사진설명서 수록)

69 스모킹
90·100·110·120cm
만드는 방법 34페이지
(사진설명서 수록)

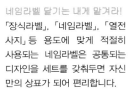

네임라벨 달기는 내게 맡겨라!
「장식라벨」, 「네임라벨」, 「열전
사지」 등 용도에 맞게 적절히
사용되는 네임라벨은 공통되는
디자인을 세트를 갖춰두면 자신
만의 상표가 되어 편리합니다.

신장 100cm 착용 사이즈 100cm

쉽게 구할수 있는 타월에 고리를 달아
주고, 배색천을 덧대어 컵주머니와 함께
세트 아이템으로 만들었습니다.
아이들에게는 자신만의 표시가 됩니다.

70 컵주머니

71 고리 달린 타월
만드는 방법 33페이지
(사진설명서 수록)

72 고리 달린 타월

73 컵주머니
만드는 방법 33페이지
(사진설명서 수록)

아이의 눈으로 바라본 세상
ROBERT KAUFMAN 패브릭

사과를 모티브로 자연의 친근한 모습을 표현한
Appleville 시리즈

애플타운 -모카브라운   애플타운 -밀크   애플타운 -그린   애플 -핑크

애플 -민트   패치X패치

원단 폭 : 110cm
구성 : Cotton 100%
제조사 : Michael Miller
(Made in U.S.A)

동물을 모티브로한 화사한 프린트가 귀여운
UrbanZoologie 시리즈

버드하우스 -연미   버드하우스 -화이트   파랑새 -화이트

본 상품은 심플소잉 사이트(www.simplesewing.co.kr)에서 구입하실 수 있습니다.

❷ 손잡이를 달아준다

0.5cm 봉합

겉몸판(겉)

손잡이를 겉몸판 위에 놓고 봉합한다.

❸ 가방 입구를 봉합한다

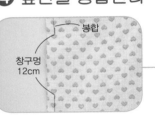
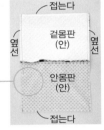

봉합

안몸판(안)

겉몸판(안)

안몸판(안)

①안몸판과 겉몸판을 겉끼리 맞대고, 미싱으로 봉합한다.

②다림질로 시접을 가름솔한다.

❹ 옆선을 봉합한다

접는다

봉합

겉몸판(안)

옆선

옆선

창구멍 12cm

안몸판(안)

접는다

①바닥선으로 접고, 봉합한다.

❺ 겉으로 뒤집고, 창구멍을 감침질한다

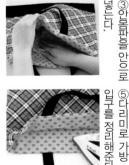

①창구멍을 통해 겉으로 뒤집는다.

②창감침질 조 창구멍 봉합방법은 감침질한다. 31페이지

③안몸판을 안으로 넣는다.

④모서리를 정리한다.

⑤다림질로 가방 입구를 정리해준다.

⑥봉합한다.

봉합

완성

재료·소잉용품을 준비하자

기본 소잉용품은 82페이지 참조

가방끈 C천 A천

B천

봉제사 (ATHENA 코아사)

★봉합의 시작과 끝은 되돌아박기를 합니다. 바늘땀이 잘 보이도록 하기 위해 눈에 띄는 색상의 실을 사용했지만, 실제로 봉합할 때에는 원단의 색상에 가까운 색의 실을 사용하세요. No.66만 A천의 안쪽에 접착심을 붙입니다.

이니셜 모티브 다는 방법
와펜도 같은 모양으로 달아줍니다.

스팽글 이니셜 모티브

①천을 덧대, 소재에 맞춰 150 ~160도로 온도 설정을 하고, 위에서부터 강하게 다림질로 눌러주며 접착합니다.

②원단을 안으로 뒤집고, 다리미로 강하게 눌러줍니다. 다리미를 움직일 때 미끌리는 경우가 있으므로 주의해 주십시오.

만드는 방법 순서
❶ 바닥천을 달아준다
❷ 손잡이를 달아준다
❸ 가방 입구를 봉합한다
❹ 옆선을 봉합한다
❺ 겉으로 뒤집고, 창구멍을 감침질한다
완성

❶ 바닥천을 달아준다

바닥천(안)

접는다

①다리미로 시접을 접는다.

봉합

겉몸판(겉)

바닥천(겉)

②바닥천을 겉몸판 위에 놓고, 봉합해준다.

58

66

실물크기 패턴은 들어있지 않습니다

* 제도에 시접은 포함되어 있지 않습니다.
  모두 1cm의 시접을 더해 재단합니다.

재료

A천(체크 · No.58)50cm폭 70cm
A천(옥스퍼드 프린트 · No.66)50cm폭 70cm
B천(옥스퍼드)50cm폭 20cm
C천(새틴 프린트 · No.58)50cm폭 70cm
C천(40수 평직 · No.66)50cm폭 70cm
접착심(No.66)50cm폭 70cm
2.5cm폭 가방끈(No.58)70cm
2.5cm폭 가방끈(No.66)70cm
스팽글 이니셜 모티브(No.58) 3장
와펜 2장(No.66)
라벨 1장

제도

이니셜 모티브와 와펜·라벨을 원하는 위치에 달아줍니다.

손잡이
(가방끈 · No.58 · 2개)
(가방끈 · No.66 · 2개)

2.5
32

손잡이 다는 위치

11 11

No.58 No.66

0.1

겉몸판 (A천 · 1장 No.58) (A천/접착심 각1장 No.66)

안몸판 (C천 · 1장)

바닥천 (B천 · 1장)

0.1

30

9

접힘

40

A천 / C천 / B천

A천 / C천 / 심지 / B천

❺ 밑모서리를 봉합한다

①다리미로 시접을 가름솔한다.

③여분의 시접을 원단전용 가위로 잘라준다.

②겉몸판의 밑모서리를 봉합한다.

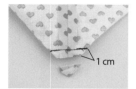

⑤여분의 시접을 원단전용 가위로 잘라준다.

④안몸판의 밑모서리를 봉합한다.

❻ 겉으로 뒤집고, 창구멍을 감침질한다

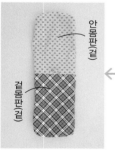

①창구멍을 통해 겉으로 뒤집는다.

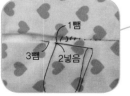

②창구멍을 감침질한다.

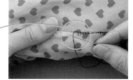

③안몸판을 겉몸판의 안으로 넣는다.

④다림질로 주머니 입구를 정리해준다.

⑤미싱으로 봉합한다.

완성

만드는 방법 순서

❶ 고리를 만든다
❷ 손잡이·고리를 단다
❸ 주머니 입구를 봉합한다
❹ 옆선을 봉합한다
❺ 밑모서리를 봉합한다
❻ 겉으로 뒤집고, 창구멍을 감침질한다
완성

❶ 고리를 만든다

①다림질로 시접을 접는다.

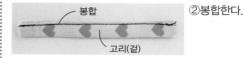

②봉합한다.

❷ 손잡이·고리를 단다

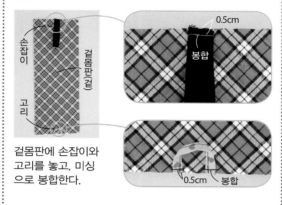

겉몸판에 손잡이와 고리를 놓고, 미싱으로 봉합한다.

❸ 주머니 입구를 봉합한다

②다림질로 시접을 가름솔한다.

①겉몸판과 안몸판을 겉끼리 맞대고, 미싱으로 봉합한다.

❹ 옆선을 봉합한다

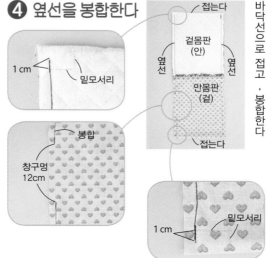

바닥선으로 접고·봉합한다

67   59

실물크기 패턴은 들어있지 않습니다

* 제도에 시접은 포함되어 있지 않습니다.
  모두 1cm의 시접을 더해 재단합니다.

재료

A천(체크·No.59)30cm폭 60cm
A천(옥스퍼드 프린트·No.67)30cm폭 60cm
B천(새틴 프린트·No.59)30cm폭 60cm
B천(40수 평직·No.67)30cm폭 60cm
접착심(No.67)30cm폭 60cm
2.5cm폭 가방끈(No.59)30cm
2.5cm폭 가방끈(No.67)30cm
라벨 1장

제도

라벨은 원하는 위치에 달아줍니다.

재료·소잉용품을 준비하자

기본 소잉용품은 82페이지 참조

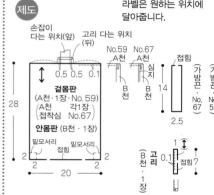

가방끈   B천   A천

봉제사
(ATHENA 코아사)

★봉합의 시작과 끝은 되돌아박기를 합니다. 바늘땀이 잘 보이도록 하기 위해 눈에 띄는 색상의 실을 사용했지만, 실제로 봉합할 때에는 원단의 색상에 가까운 색의 실을 사용하세요. No.67만 A천의 안쪽에 접착심을 붙입니다.

❸ 트임 부분을 봉합한다

트임 끝점
봉합

❹ 모서리를 깔끔하게 빼낸다

겉으로 뒤집어 송곳으로 모서리를 깔끔하게 빼낸다.

❺ 파우치 입구를 봉합한다

주머니천(안)
접는다

2.5cm 접는다

①다림질로 시접을 접는다.

봉합
주머니천(겉)

②미싱으로 봉합한다.

❻ 끈을 통과시킨다

끈

①끈을 통과시킨다.

촘촘히 봉합한다
0.5cm

③끈 장식의 둘레를 촘촘히 봉합한다.

묶는다

②끈의 끝을 묶는다.

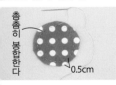

고정 봉합한다

④끈의 끝을 끈 장식으로 감싸준다.

완성

재료·소잉용품을 준비하자
기본 소잉용품은 82페이지 참조

봉제사 (ATHENA 코아사)   B천   A천

장식 끈

★봉합의 시작과 끝은 되돌아박기를 합니다. 바늘땀이 잘 보이도록 하기 위해 눈에 띄는 색상의 실을 사용했지만, 실제로 봉합할 때에는 원단의 색상에 가까운 색의 실을 사용하세요.

만드는 방법 순서
❶바닥천을 달아준다 (No.61~64만)
❷옆선을 봉합한다
❸트임 부분을 봉합한다
❹모서리를 깔끔하게 빼낸다
❺파우치 입구를 봉합한다
❻끈을 통과시킨다
완성

❶ 바닥천을 달아준다 (No.61~64만)

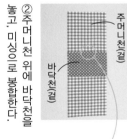

②주머니천 위에 바닥천을 놓고, 미싱으로 봉합한다.

주머니천(겉)
바닥천(겉)

봉합

주머니천(겉)
바닥천(겉)
접는다

①다림질로 시접을 접는다.

③옆 부분에 지그재그봉제 또는 오버록 처리를 한다.

또는 지그재그봉제 또는 오버록 처리

❷ 옆선을 봉합한다

봉합
트임 끝점

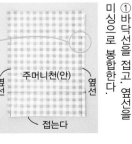

①바닥선을 접고, 옆선을 미싱으로 봉합한다.

주머니천(안)
옆선   옆선
접는다

옆선

②다리미로 시접을 가름솔한다.

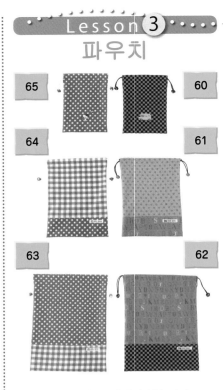

65   60
64   61
63   62

실물크기 패턴은 들어있지 않습니다
* 제도에 시접은 포함되어 있지 않습니다.
  모두 1cm의 시접을 더해 재단합니다.

재료

60 · 65 재료
A천(20수 새틴 · No.60)20cm폭 40cm
A천(새틴 프린트 · No.65)20cm폭 60cm
굵기 0.4cm폭 장식 끈 120cm
모티브 1장

61 · 64 재료
A천(20수 새틴 · No.61)30cm폭 80cm
A천(새틴 프린트 · No.64)30cm폭 80cm
B천(20수 새틴 · No.61)40cm폭 20cm
B천(새틴 프린트 · No.64)40cm폭 20cm
굵기 0.4cm폭 장식 끈 150cm
라벨 1장

62 · 63 재료
A천(20수 새틴 · No.62)40cm폭 90cm
A천(새틴 프린트 · No.63)40cm폭 90cm
B천(20수 새틴 · No.62)40cm폭 30cm
B천(새틴 프린트 · No.63)40cm폭 30cm
굵기 0.4cm폭 장식 끈 180cm
라벨 1장

No.60 · 65 —	•
No.61 · 64 —	•
No.62 · 63 —	•

제도 모티브·라벨은 원하는 위치에 달아줍니다.

끈 통과 방법
끈 장식   끈 장식

끈 장식
(No.60·65·A천·2장)
(No.61~64·B천·2장)
0.5
촘촘히 봉합한다

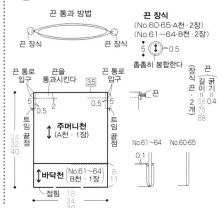

끈 통로 입구   끈을 통과시킨다   끈 통로 입구
3.5
5   1   5
0.5   0.5
트임 끝점   트임 끝점
24 32 40
주머니천
(A천·1장)
바닥천 (No.61~64·B천·1장)
8 11
접힘
18 24 30

장식 끈·2개
길이 = 58 75 88
굵기 = 0.4

No.61~64   No.60·65
0.1

고리 달린 타월

72

71

실물크기 패턴은 들어있지 않습니다

* 제도에 시접은 포함되어 있지 않습니다.
 모두 1cm의 시접을 더해 재단합니다.

재료

라벨은 원하는 위치에 달아줍니다.

A천(새틴 프린트 · No.71)
10cm폭 10cm
A천
(옥스퍼드 프린트 · No.72)
10cm폭 10cm
타월 34cm×35cm 1장
굵기 0.4cm 끈 20cm
라벨 1개

제도

배색천 (A천 · 1장)
배색천 (A천·1장)
반으로 길이 14cm로 접어 끼운다
타올
34
35
8
0.1
8
1

재료 · 소잉용품을 준비하자
기본 소잉용품은 82페이지 참조

봉제사
(ATHENA 코아사)
끈
타월
A천

★봉합의 시작과 끝은 되돌아 박기를 합니다. 바늘땀이 잘 보이도록 하기 위해 눈에 띄는 색상의 실을 사용했지만, 실제로 봉합할 때에는 원단의 색상과 가까운 색의 실을 사용하세요.

만드는 방법 순서
1 배색천의 둘레를 접는다
2 끈을 끼우고, 배색천을 댄다
완성

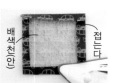

❶ 배색천의 둘레를 접는다

다림질로 시접을 접는다.

배색천(안)
접는다

❷ 끈을 끼우고, 배색천을 댄다

끈을 끼우고, 미싱으로 배색천을 봉합한다.

끈
타월
배색천(겉)
배색천

완성

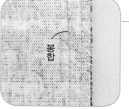

봉합
접는다
주머니천(안)
틈임 끝점

②옆선으로 접고, 봉합한다.

주머니천(안)
주머니천(안)

③다리미로 시접을 가름솔한다.

❷ 틈임 부분을 봉합한다

틈임 끝점
봉합
주머니천(안)
틈임 끝점

미싱으로 봉합한다.

❸ 밑모서리를 봉합한다

옆 부분에 솔기가 없는 쪽

봉합
주머니천(안)

옆 부분에 솔기가 있는 쪽

주머니천(안)
봉합

시접부분을 아래로하고 미싱으로 봉합한다.

시접부분을 위로하고 가름솔한 시접이 밀리지 않게 하면서 미싱으로 봉합한다.

❹ 주머니 입구를 봉합한다

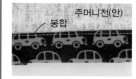
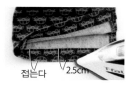

봉합
주머니천(안)
접는다
2.5cm

②미싱으로 봉합한다.

①다리미로 접는다.

❺ 끈을 통과시킨다

스토퍼
끈

②스토퍼를 끈에 통과시킨다.

①끈을 통과시킨다.

완성

묶는다

③끈의 끝을 묶는다.

컵주머니

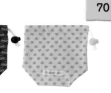
73

70

실물크기 패턴은 들어있지 않습니다

* 제도에 시접은 포함되어 있지 않습니다.
 □둘레의 숫자는 시접입니다. 지정되지 않은 곳은 모두 1cm의 시접을 더해 재단합니다.

재료

A천(새틴 프린트 · No.70)40cm폭 30cm
A천(옥스퍼드 프린트 · No.73)40cm폭 30cm
굵기 0.4cm 끈 50cm
스토퍼 1개
라벨 1개

제도

끈 통과 방법
끈 스토퍼

끈을 통과시킨다
끈통로 입구
틈임 끝점
주머니천
(A천 · 1장)
밑모서리 밑모서리

접힘
3.5
2
0.5
20
4
4
4
17
4

끈
길이 = 50
굵기 0.4

라벨은 원하는 위치에 달아줍니다.

재료 · 소잉용품을 준비하자
기본 소잉용품은 82페이지 참조

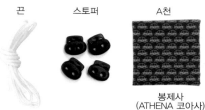

끈
스토퍼
A천

봉제사
(ATHENA 코아사)

★봉합의 시작과 끝은 되돌아 박기를 합니다. 바늘땀이 잘 보이도록 하기 위해 눈에 띄는 색상의 실을 사용했지만, 실제로 봉합할 때에는 원단의 색상과 가까운 색의 실을 사용하세요.

만드는 방법 순서
1 옆선·바닥선을 봉합한다 4 주머니 입구를 봉합한다
2 틈임 부분을 봉합한다 5 끈을 통과시킨다
3 밑모서리를 봉합한다 완성

❶ 옆선·바닥선을 봉합한다

주머니천(겉)

지그재그봉제 또는 오버록 처리

①지그재그봉제 또는 오버록 처리를 한다.

스모킹

재료

A천(옥스퍼드 프린트 · No.68)110cm폭
130cm 130cm 140cm 160cm

A천(나일론 발수 프린트 · No.69)120cm폭
100cm 100cm 110cm 120cm

1.27cm폭 바이어스테이프
70cm 80cm 80cm 80cm

0.7cm폭 고무밴드
80cm 80cm 90cm 90cm

1.5cm폭 코튼 테이프(No.68) 30cm

● 완성치수
(전체길이)40.5cm 44.5cm 48.5cm 52.5cm
(소매길이)38.5cm 41.4cm 46.2cm 50.2cm
(가슴둘레)83cm 86cm 88cm 96cm

No.68A 원단 재단 방법

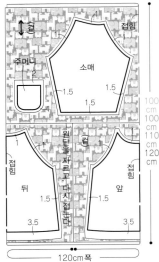

110cm폭

No.69A 원단 재단 방법

120cm폭

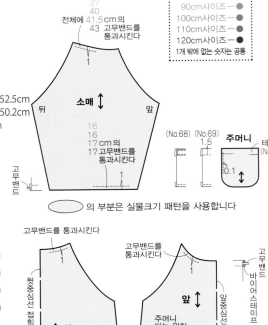

전체에 41.5cm의
고무밴드를
통과시킨다

16/16/17/17 cm의 고무밴드를 통과시킨다

소매

뒤 앞

고무밴드

의 부분은 실물크기 패턴을 사용합니다

고무밴드를 통과시킨다

뒤 앞

주머니 다는 위치

뒷중심선 접힘
앞중심선 접힘

바이어스테이프
고무밴드
코튼 프린트 No.68

68

69

실물크기 패턴은 C면
* 패턴에 시접은 포함되어 있지 않습니다.

재료 · 소잉용품을 준비하자

기본 소잉용품은 82페이지 참조

봉제사 (ATHENA 코아사) / 바이어스 테이프 / 고무밴드 / A천

코튼 테이프

★봉합의 시작과 끝은 되돌아박기를 합니다. 바늘땀이 잘 보이도록 하기 위해 눈에 띄는 색상의 실을 사용했지만, 실제로 봉합할 때에는 원단의 색상에 가까운 색의 실을 사용하세요.

지그재그봉제 또는 오버록 처리 하는 위치

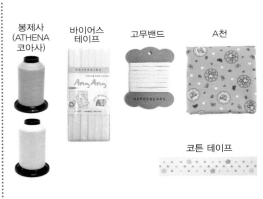

② 소매둘레를 봉합한다

봉합
②미싱으로 봉합한다.

뒤(겉) 소매(안)
①뒤와 소매를 겉끼리 맞춰, 시침핀으로 고정 시킨다.

고무밴드가 통과할 입구와 봉합할 수 있도록 남기고 봉합한다

뒤(겉)
봉합 소매(겉)
③ ①과 같이 시침핀으로 고정하고, 미싱으로 봉합 한다.

④다림질로 가름솔한다.

만드는 방법 순서

① 주머니를 만들어 달아준다
② 소매둘레를 봉합한다
③ 옷깃둘레를 봉합한다
④ 소맷부리를 접는다
⑤ 소매 아랫선부터 연결 하여 옆선을 봉합한다
⑥ 소맷부리를 봉합한다
⑦ 밑단을 봉합한다
⑧ 고무밴드를 통과시킨다
완성

① 주머니를 만들어 달아준다

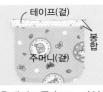

테이프(겉) 봉합
주머니(겉)
②테이프를 놓고, 미싱 으로 봉합한다.(No.68만)

주머니(안)
접는다
실을 당긴다

④실을 당겨, 시접을 접는다.

주머니의 곡선 부분에 맞춰 잘라둔 두꺼운 종이

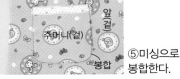

주머니(겉)
봉합
⑤미싱으로 봉합한다.

접는다
주머니(안)
①다림질로 시접을 접는다.

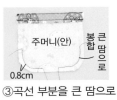

주머니(안)
봉합 큰 땀으로
0.8cm
③곡선 부분을 큰 땀으로 봉합한다.

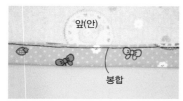

②미싱으로 봉합한다.

❽ 고무밴드를 통과시킨다

①소맷부리에 고무밴드를 통과시킨다.

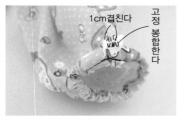

②고무밴드를 포개어 겹치고, 고정 봉합한다.

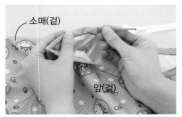

③옷깃둘레에 고무밴드를 통과시킨다.

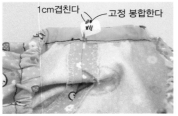

④고무밴드를 포개어 겹치고, 고정 봉합한다.

완성

앞

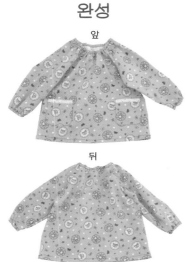

뒤

②미싱으로 봉합한다.

③다리미로 시접을 가름솔한다.

❻ 소맷부리를 봉합한다

①❹에서 접어둔 시접을 시침핀으로 고정한다.

②미싱으로 봉합한다.

❼ 밑단을 봉합한다

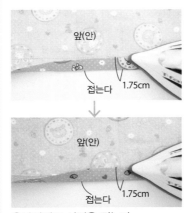

①다림질로 시접을 접는다.

⑥다리미로 바이어스테이프를 위로 넘긴다.

⑦다리미로 바이어스테이프를 몸판 안쪽으로 접는다.

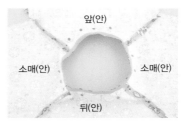

⑧바이어스테이프를 시침핀으로 고정한다.

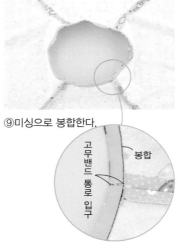

⑨미싱으로 봉합한다.

❹ 소맷부리를 접는다

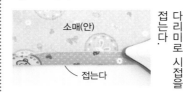

❺ 소매 아랫선부터 연결하여 옆선을 봉합한다

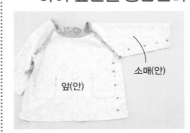

①겉끼리 맞추고 시침핀으로 고정시킨다.

❸ 옷깃둘레를 봉합한다

①패턴을 테이프로 맞춰서 붙이고, 옷깃둘레의 곡선을 만든다.

②다리미로 바이어스테이프를 옷깃둘레의 곡선에 맞대어 준다.

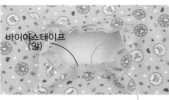

③바이어스테이프를 옷깃둘레에 시침핀으로 고정한다.

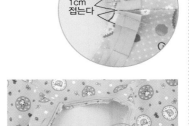

④미싱으로 봉합한다.

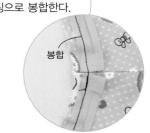

⑤원단전용 가위로 옷깃둘레의 시접을 바이어스테이프에 맞춰 자르고, 정리해준다.

아이들의
Happy time

세련된 프린트 원단으로 만드는

통원 · 통학용품

오구라 미코 씨가 아이들을 위해 디자인한 세련되고
고급스러운 시리즈 「puti de pome」.
이번 시즌은 세 가지의 테마로 소개합니다.
아이들이 항상 행복하길 바라는 소망을 담아...

촬영／藤田律子　　헤어&메이크업／鵜久森真二
페이지 디자인／梅宮真紀子　작품제작／加藤容子（No.74·86·87）、
地濃里美（No.75〜79）、　金丸かほり（No.80〜85）
담당／名取美香、矢島悠子

신장 99cm　착용 사이즈 100cm

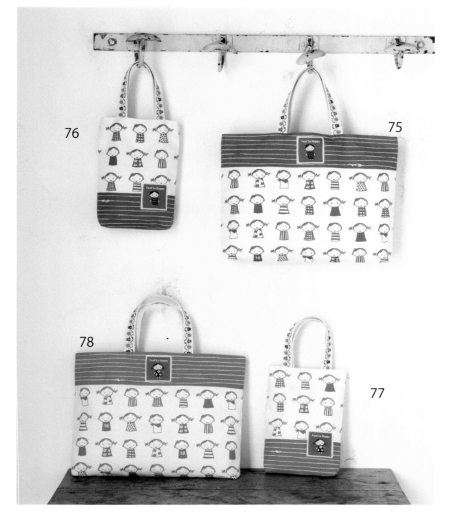

74 스모킹
90·100·110·120cm
만드는 방법 120페이지

75·78 손가방
만드는 방법 119페이지

76·77 신발주머니
만드는 방법 120페이지

79 배낭
만드는 방법 122페이지

코끼리 가족과

깜찍한 남자아이와 여자아이가 프린트된 기분 좋은 시리즈.

서로 사이가 좋아보여서

즐거워요~

국내 독점 **심플소잉에서만 만날 수 있는 쁘띠드폼의 또 다른 이야기**
3가지 시리즈로 만나보는 동화같은 프린트 세계로 함께 빠져보아요~

시리즈 1. 행복한 날들의 연속 putidepome s☺happy

코끼리, 삐삐머리 귀여운 아이들, 경쾌한 스트라이프, 다른 시리즈에 비해 깔끔하고 큼지막한 프린트로 아이들 옷이나 통학용 가방으로 만들어주면 매력적인 패브릭입니다.

putidepome

코튼리넨(기요하라)
쁘띠드폼 070
원단 폭 : 108cm
구성: Cotton 85%, Linen 15%

코튼리넨(기요하라)
쁘띠드폼 071
원단 폭 : 원단 폭 : 108cm
구성: Cotton 85%, Linen 15%

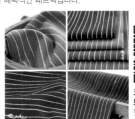

코튼리넨(기요하라)
쁘띠드폼 072
원단 폭 : 108cm
구성: Cotton 85%, Linen 15%

81

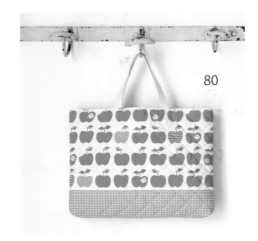

80

83

82

84

85

80~83 손가방
만드는 방법 80~82／118페이지
83／119페이지

84·85 네임택
만드는 방법 118페이지

사과와 기차, 자동차, 나무 등

아이들의 마음에

쏘옥 드는 프린트가 가득.

---

putidepome
구리구리구리

시리즈 2. 아이들이 좋아하는 프린트가 가득 **Happy-go-lucky**

사과, 기찻길, 알록달록 버섯, 도트, 자동차, 딸기를 모티브로한 중간 크기의 프린트로 아기자기한 소품이나 파우치 등에
잘 어울리는 패브릭입니다. (공간이 부족하면 원단폭과 구성은 전체 동일하기 때문에 한번만 언급해도 됩니다~)

Cotton Linen

Cotton

코튼리넨(기요하라)
쁘띠드폼 063
원단 폭 : 108cm
구성: Cotton 85%
Linen 15%

코튼리넨(기요하라)
쁘띠드폼 064
원단 폭 : 108cm
구성: Cotton 85%
Linen 15%

코튼리넨(기요하라)
쁘띠드폼 065
원단 폭 : 108cm
구성: Cotton 85%
Linen 15%

코튼리넨(기요하라)
쁘띠드폼 066
원단 폭 : 108cm
구성: Cotton 85%
Linen 15%

코튼(기요하라)
쁘띠드폼 067
원단 폭 : 108cm
구성: Cotton 100%

코튼(기요하라)
쁘띠드폼 068
원단 폭 : 108cm
구성: Cotton 100%

코튼(기요하라)
쁘띠드폼 069
원단 폭 : 108cm
구성: Cotton 100%

86

86   손가방
90·100·110·120cm
만드는 방법 120페이지

87   의자 커버
만드는 방법 121페이지

작은 토끼가 사과나무 주위에서 놀고 있는 시리즈와,

꼬마 곰 니콜이 친구들과 드라이브를 하는 즐거움이 가득한 시리즈입니다.

귀여운 동물들은 아이들의 친구입니다.

puridepome

시리즈 3. 엄마, 아빠와 함께 떠나는 즐거운 소풍~ picnic kids

토끼, 공룡. 곰돌이를 모티브로 함께 소풍을 떠나는 모습을 그린 프린트로 파스텔 컬러 매치가 돋보여
피크닉 가방이나 봄 의상에 잘 어울리는 패브릭입니다.

국내 독점
쁘띠드폼 3가지 시리즈를
QR코드로 만나보세요.

쁘띠드폼
대표번호 1644-5744
더욱 다양한 *puridepome* 패브릭은 심플
소잉 사이트 (www.simplesewing.co.kr)에서
만나보실 수 있습니다.

코튼리넨(기요하라) 쁘띠드폼 061
원단 폭 : 108cm
구성: Cotton 85%, Linen 15%

코튼리넨(기요하라) 쁘띠드폼 062
원단 폭 : 108cm
구성: Cotton 85%, Linen 15%

안감에도 움직이는 자동차 프린트 원단을 활용하였습니다.

88

89

깜찍한 패널 프린트로 만들어보자!

간단한 통학용품 세트

패널 프린트를 사용하면 원단 배치에 어려움이 없어지고, 원단의 낭비 없이 통학 필수품 세트를 간단하게 만들 수 있습니다. 무늬를 잘 활용하여 앞치마나 엄마를 위한 토트백 등 크기가 큰 작품도 만들어 보기를 추천합니다.

촬영／藤田律子 (인물,작품), 腰塚良彦 (원단) 헤어&메이크업／鵜久森真二
페이지 디자인／梁川綾香 작품제작／金丸かほり (No.88～92)、渋澤富砂幸
(No.93・94・100)、清野孝子(No.95～99)、坂本美江(No.101～104)、
地濃里美 (No.105～112) 일러스트／榊原良一 담당／名取美香、野崎文乃

움직이는 자동차 시리즈
남자아이들이 좋아하는 움직이는 자동차들을 모아봤습니다.

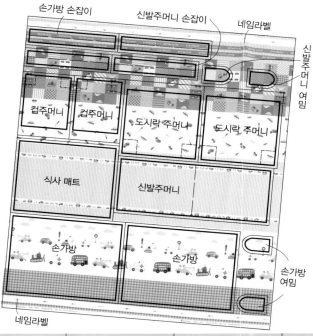

손가방 손잡이
신발주머니 손잡이
네임라벨
신발주머니 여밈
컵주머니
컵주머니
도시락 주머니
도시락 주머니
식사 매트
신발주머니
손가방
손가방
손가방 여밈
네임라벨

신장 100cm
착용 사이즈 90～100cm

94

93

암 커버는 움직이는 자동차 프린트로～

91

90

92

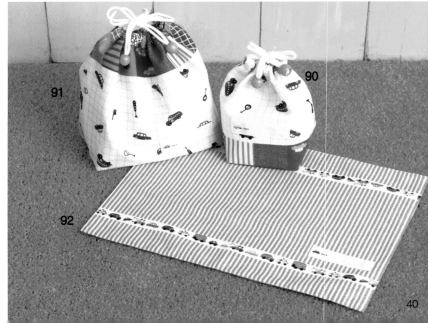

40

딸기 시리즈

딸기에 꽃을 잔뜩 흩뿌려 놓은 깜찍한 프린트.

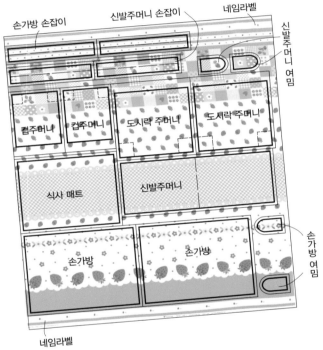

손가방 손잡이　신발주머니 손잡이　네임라벨　신발주머니 여밈
컵주머니　컵주머니　도시락 주머니　도시락 주머니
식사 매트　신발주머니
손가방　손가방　손가방 여밈
네임라벨

안감에도 딸기가 가득한
프린트를 사용하였습니다.

96

95

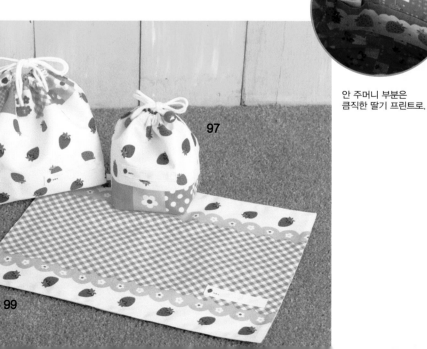

98

97

99

안 주머니 부분은
큼직한 딸기 프린트로.

100

41

104

103

세탁이 가능한 손가방과 신발주머니, 무엇을 넣어도
알맞은 크기의 파우치 세트 그리고 그 외의 세트도
마련해두면 유용합니다. 아이들의 마음에 드는
원단으로 만들어 주세요.

102

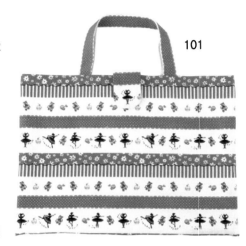

101

101 · 103 손가방
102 · 104 신발주머니
105~112 파우치

만드는 방법 125페이지

108

107

106

105

112

111

110

109

sarahjane™
2011

이야기가 있는 패브릭
Sarah Jane의 CHILDREN at play 시리즈

세아이의 엄마이자 텍스타일 디자이너, 그리고 아동 일러스트 서적 작가인 Sarah Jane의 **첫번째 패브릭 시리즈** 처녀작, CHILDREN at play **시리즈**는 작가의 유년 시절, 시골에서의 삶을 바탕으로 아이들을 양육하며 아이들의 때 묻지 않은 순수함과 사랑스러움을 패브릭에 담고자 노력하였습니다. 화려한 색을 입은 귀여운 프린트와 함께 패브릭 시리즈 하나하나 이야기를 담고 있어 소장만으로도 가치가 있는 패브릭입니다.

스카이, 핑크

재미있는 인형놀이
코튼 m.miller
Sarah Jane 5101
Just Stay

소풍을 떠나보아요!!
코튼 m.miller
Sarah Jane 5100
dolls

신나는 퍼레이드 한마당
코튼 m.miller
Sarah Jane 5140
On Parade

밀크

꽃내음 나는 정원에서
코튼 m.miller
Sarah Jane 5102
summer Gardens

핑크, 밀크

자전거로 피크닉 여행
코튼 m.miller
Sarah Jane 5151
On the Go

밀크*스카이, 밀크*블랙, 오렌지

Sarah Jane
www.simplesewing.co.kr
대표번호 1644-5744

오직 심플소잉(www.simplesewing.co.kr)에서만 만나볼 수 있는 Sarah Jane 시리즈, 더욱 다양한 상품을 만나고 싶다면 큐알코드를 찍어주세요~

밀크, 블루

신나는 종이비행기~
코튼 m.miller
Sarah Jane 5149
Chasing Airplanes

화려한 로켓가 가득!!
코튼 m.miller
Sarah Jane 5148
Rockets

레드, 블루

재미있는 로켓 클럽
코튼 m.miller
Sarah Jane 5150
Rocket Launch Club

밀크, 네이비

종이접기로 모자를 만들기
코튼 m.miller
Sarah Jane 5147
Making Paper Hats

스카이, 옐로우

원단 폭 : 110cm / 구성 : Cotton 100% / 제조사 : Michael Miller(Made in U.S.A)

손가방 · 컵주머니의 패턴은 **A**면

신발주머니 · 도시락 주머니 · 식사 매트의 패턴은 **B**면

남자아이 세트의 겉감 재단 방법
*표시된 곳 외에는 1cm의 시접을 더해 재단합니다

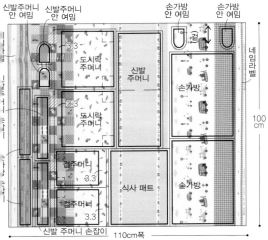

신발주머니 안 여밈
신발주머니 안 여밈
손가방 안 여밈
손가방 안 여밈
겉
네임라벨
3.3
도시락 주머니
신발 주머니
손가방
3.3
도시락 주머니
100cm
컵주머니 3.3
손가방
식사 매트
컵주머니 3.3
신발 주머니 손잡이
110cm폭

92 식사 매트

91 도시락 주머니

90 컵주머니

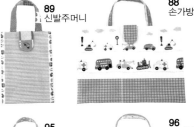

89 신발주머니
88 손가방

99 식사 매트

98 도시락 주머니

97 컵주머니

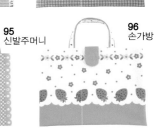

95 신발주머니
96 손가방

여자아이 세트의 겉감 재단 방법
*표시된 곳 외에는 1cm의 시접을 더해 재단합니다

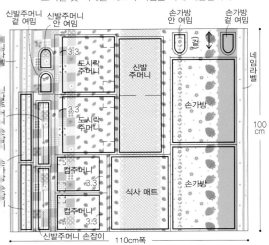

신발주머니 겉 여밈
신발주머니 안 여밈
손가방 안 여밈
손가방 겉 여밈
겉
네임라벨
3.3
도시락 주머니
신발 주머니
손가방
3.3
도시락 주머니
100cm
컵주머니 3.3
식사 매트
손가방
컵주머니 3.3
신발 주머니 손잡이
110cm폭

배색천 재단 방법
*여자아이 세트, 남자아이 세트 공통
*1cm의 시접을 더해 재단합니다.

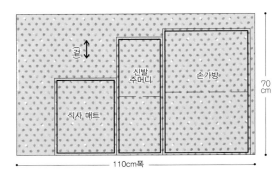

겉
신발 주머니
손가방
70cm
식사 매트
110cm폭

★ 봉합의 시작과 끝은 되돌아박기를 합니다.
바늘땀이 잘 보이도록 하기 위해 눈에 띄는
색상의 실을 사용했지만, 실제로 봉합할 때에는
원단의 색상에 가까운 색의 실을 사용하세요.

재료

겉감(옥스퍼드) 110cm폭 100cm
배색천(옥스퍼드) 110cm폭 70cm
굵기 0.4cm 둥근 끈 230cm
벨크로 2.5cm폭 6cm
나무 구슬 4개

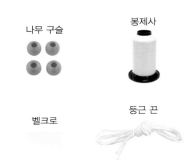

나무 구슬
봉제사

벨크로
둥근 끈

---

3 미싱으로 봉합한다.

둘레를 미싱으로 봉합한다.

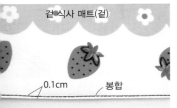

겉 식사 매트(겉)
0.1cm 봉합

● 완성 ●

식사 매트

② 다리미로 시접을 안 식사 매트 쪽으로 접는다.

안 식사 매트(안)
접는다

2 겉으로 뒤집는다

① 창구멍을 통해 겉으로 뒤집는다.

안 식사 매트 (안)

겉 식사 매트(겉)

② 해준다.
다리미로 정리

NO.92 · 99 의 만드는 방법

1 둘레를 봉합한다

①식사 매트를 겉끼리 맞대고 미싱으로 봉합한다.

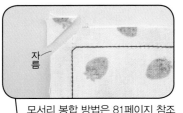

자름

모서리 봉합 방법은 81페이지 참조

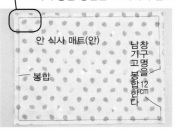

안 식사 매트(안)

봉합

남겨창 기구 고명 을 봉합 12cm 한다

네임라벨 만드는 방법

1 다리미로 네임라벨의 둘레를 접는다

1.5 ~ 2cm
접는다
네임라벨(안) 1cm
1cm
1cm
최대 7.9cm까지 원하는 길이로 만든다
1cm 접는다

2 미싱으로 네임라벨을 달아준다.

봉합을 시작하기 전에 네임라벨을 원하는 위치에 놓고 달아준다

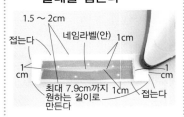

(겉)
봉합
네임라벨(겉) 0.1cm

③다리미로 정리해준다.

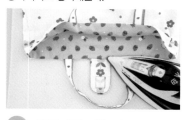

8 창구멍을 막는다(감침질한다)

창구멍을 막는다.

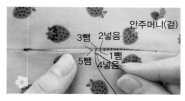

3뺌 2넣음
5뺌 1뺌 4넣음 1넣음
안주머니(겉)

9 벨크로를 붙인다

겉 앞주머니에 벨크로(凹)를 봉합하여 달아준다.

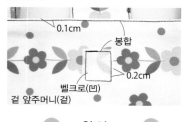

0.1cm
봉합
0.2cm
벨크로(凹)
겉 앞주머니(겉)

완성

신발주머니   손가방

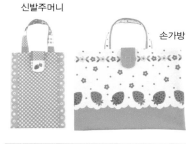

---

②나무구슬을 둥근 끈에 통과시키고, 둥근 끈을 묶는다.

묶는다
나무구슬
둥근 끈

완성

컵주머니

도시락 주머니

---

6 옆을 봉합한다

접는다
안주머니(안)
남기고 창구멍을 봉합한다 12
봉합
겉주머니(안)
접는다
봉합

①주머니를 바닥선으로 접고 옆선을 봉합한다.

②다리미로 시접을 가름솔 처리한다.

7 겉으로 뒤집는다

①창구멍을 통해 겉으로 뒤집는다.

안주머니(안)

②겉주머니 안으로, 안주머니를 넣는다.

---

②미싱으로 봉합한다.

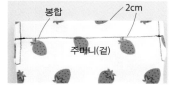

봉합   2cm
주머니(겉)

5 끈을 통과시킨다

①컵주머니는 50cm, 도시락 주머니는 65cm의 둥근 끈을 두 줄 통과시킨다.

끈의 통과 방법
끈

나무구슬

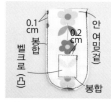

0.1cm
안 여밈(겉)
0.2cm
벨크로
봉합
벨크로(凸)
봉합

③겉으로 뒤집어 봉합하고, 안 여밈에 벨크로(凸)를 봉합하여 붙여준다.

4 손잡이와 여밈을 단다

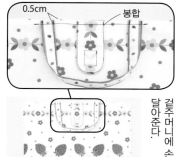

0.5cm   봉합

겉주머니에 손잡이와 여밈을 봉합하여 달아준다.

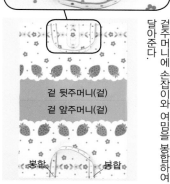

겉 뒷주머니(겉)
겉 앞주머니(겉)
봉합   봉합

5 주머니 입구를 봉합한다

펼친다
안주머니(안)
봉합

겉주머니와 안주머니를 겉끼리 맞대고 주머니 입구를 미싱으로 봉합하고 시접을 가름솔한다.

---

3 트임 부분을 봉합한다

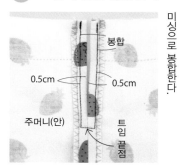

봉합
0.5cm   0.5cm
주머니(안)
트임 끝점

미싱으로 봉합한다.

4 주머니 입구를 봉합한다

①다리미로 주머니 입구를 접는다.

주머니(안)
접는다   2.2cm

---

1 겉주머니의 바닥을 봉합한다
(No.88 · 95만)

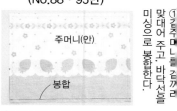

주머니(안)
봉합

①겉주머니를 겉끼리 맞대어 주고, 바닥선을 미싱으로 봉합한다.

②다리미로 가름솔한다.

주머니(안)
주머니(안)

2 손잡이를 만든다

②다리미로 반으로 접는다.   ①시접을 접는다.

접는다   접는다
손잡이(겉)   손잡이(안)
접는다

③미싱으로 봉합한다.

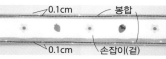

0.1cm   봉합
0.1cm   손잡이(겉)

3 여밈을 만든다

②다리미로 겉 여밈 쪽으로 넘겨준다.

①여밈을 겉끼리 맞대어 맞춰 봉합하고 곡선부분에 가위집을 넣어준다.

겉 여밈(안)
접는다
봉합
겉 여밈(안)
가위집

---

1 옆선, 바닥선을 봉합한다

주머니를 겉끼리 맞대고 옆선, 바닥선을 미싱으로 봉합한 뒤 다리미로 시접을 가름솔한다.

트임 끝점
주머니(안)
벌린다
봉합

2 밑모서리를 봉합한다

주머니(안)
봉합

옆선과 바닥선의 솔기를 맞추고 미싱으로 봉합한다.

디즈니·캐릭터로 만들었어요♡
통원·통학용 주머니 소품

아이들이 좋아하는 디즈니 친구들이 프린트된 원단으로 통원·통학용 주머니 소품을 만들어 주세요.
필수품인 손가방과 신발주머니 이외에도, 옷 주머니로 딱 어울릴 만한 큰 파우치, 스모킹이나 앞치마를 넣을 수 있을 만한 사이즈의 파우치도 준비했습니다.
도시락 주머니는 초등학교 소풍 및 현장체험학습 갈 때에도 필요하므로 만들어 두면 유용합니다.

촬영／藤田律子　작품제작／小沢のぶ子（No.113～117）、太田秀美（No.118～122）、小林かおり（No.123・126・128・130）、成島まさみ（No.124・125・127・129）
페이지 디자인／佐藤次洋　담당／名取美香、矢島悠子

곰돌이푸

113
114
117
116
115

46

©Disney

토이스토리

123 파우치大
만드는 방법 128페이지

124 손가방
만드는 방법 126페이지

디즈니프린세스

125 손가방
만드는 방법 126페이지

Cars

126 파우치大
만드는 방법 128페이지

48

디즈니클래식시리즈

127 손가방
만드는 방법 126페이지

미키마우스

128 파우치大
만드는 방법 128페이지

릴로&스티치

129 손가방
만드는 방법 126페이지

130 도시락 주머니
만드는 방법 127페이지

보조침판
얇은원단, 다이마루 등의 원단 및 봉제 시작부분 및 끝부분, 연결부분 등의 작업 시 원단이 침판아래로 말려들어가는 불편함을 해소하여 바느질의 편리함을 극대화하였습니다.

보조침판 미사용

보조침판 사용

강화 SBERIC 톱니
내구성 향상과 함께 두꺼운 원단도 부드러운 봉제를 가능하게 합니다.

다양한 봉제패턴
기본 직선재봉부터 감침 재봉, 아플리케, 오버록 등 다양한 장식 봉제패턴이 있습니다.

개폐식 면판
미싱의 면판이 오픈되어 미싱관리의 편의성과 효율성을 향상하였습니다.

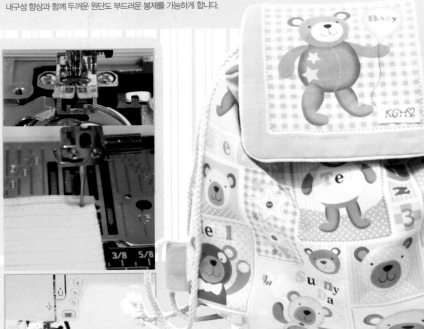

576가지의 스티치와 패턴조합
내 작품의 스타일과 분위기를 향상할 수 있는 다양한 스타일의 장식패턴이 있습니다.

듀얼조명
미싱 본체에 두 개의 조명이 설치되어 있어, 눈의 피로 및 바느질 작업의 안정감이 향상되었습니다.

NCO
New Premium Sewing Machine
뉴 프리미엄 스타일 미싱

나의 일상에 새로운 DIY라이프스타일을 전하는
미싱, 그 이상의 미싱 ! "Magic Art"

내가 꿈꾸었던 바느질 ! 내가 부러워했던 작품들 ! 매직아트는 다양한 바느질 기능들과 편의사항들로 이루어진 최고급 소잉 머신으로 내가 원하는 의상은 물론 소품아이템까지 제작이 가능한 미싱으로 바느질을 하시는 분들께 새로운 소잉의 세계를 전해드립니다.

쌍침 재봉기능
커버스티치와 같은 두줄의 봉제가 한번에 연출됩니다.

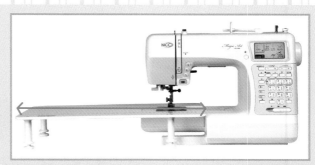

확장형 테이블
코트, 재킷 등 큰 사이즈의 작품도 편리하고 빠른 바느질이 가능합니다.

자동 장력조절 시스템
윗실의 장력을 자동으로 조절함으로써 실의 끊어짐이나 원단의 우는 현상을 방지합니다.

똑똑한 LCD표시창
패턴, 땀폭, 땀길이, 사용노루발 등 모든 작업내용을 한눈에 확인할 수 있는 최고의 편의기능입니다.

후진재봉기능
되돌아박기 봉제가 한번의 터치로 깔끔하게 연출됩니다..

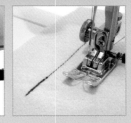

원스텝 자동 단추구멍
매직아트의 다양한 단추구멍 패턴중 원하는 패턴을 선택하여 한번의 버튼터치로 시작부터 마무리까지 자동으로 단추 구멍이 완성됩니다.

조그맣지만, 단정하면서도 세련되게!

겨울의 베이비웨어

추운 계절이지만 세련미만큼은 놓치고 싶지 않아요!
이번 시즌 유행 중인 체크무늬를 이용하거나 따뜻한 소재를 사용하여
스타일리쉬한 베이비웨어를 만들어 보지 않으시겠어요?
남자아이, 여자아이 할 것 없이 깜찍한 코디를 즐겨보세요!

촬영/ 藤田律子   페이지 디자인/ 梅宮真紀子   담당/ 斉藤由起 矢島悠子

For
60~70cm baby

이제 막 앉거나 기어다니는 아기를 위한
보아 소재를 사용한
따뜻한 의상과 소품입니다.

131

132

131·132 　베스트
60~70cm
만드는 방법 58페이지

코~ 잠자는 아기에게는 따뜻한 방한용 옷을 만들어 주세요.
롬퍼스 위에 입힐 수 있는 폭신폭신한 베스트와
부티 팬츠를 추천합니다.
같은 원단으로 탕파 케이스도 만들어 주세요.

133

외출할 때에는 밑단을 젖혀
발까지 확실히 덮을 수 있게
해주는 디자인입니다.

135

136

134

135·136 　탕파 케이스
(보온 물주머니 케이스)
만드는 방법 59페이지

133·134 　부티 팬츠
(Bootee Pants)
67~70cm
만드는 방법 59페이지

판초의 밑단 여밈 부분에 스냅 단추를 달아주었습니다. 스냅 단추를 닫으면 소매가 만들어져 활발하게 움직일 수 있습니다.

For 70·80cm baby

롬퍼스를 벗어던진 아기를 위한
깜찍하고 스타일리시한
아우터, 상의&하의

재빨리 걸쳐 입을 수 있는 판초는
한 벌 쯤은 소장하고 싶은 편리하고 따뜻한 아이템.
여자아이에게는 깜찍하게 커다란 리본 장식을 했습니다.
이번 시즌 유행 중인 체크 무늬로 만든 넉넉한 팬츠는
외출용으로 좋은 세련된 아이템입니다.

신장 78cm 착용 사이즈 80cm

140

139

138

137

139·140 **팬츠** 70·80cm
만드는 방법 60페이지

137·138 **판초** 70·80cm
만드는 방법 62페이지

봄까지 유용한 니트 소재의 브이넥 카디건은
두 가지 색상만 사용하고, 메탈 단추를 달아주어
유행을 타지 않는 스타일로 만들었습니다.
남자아이에게는 시원스런 표창모양의 와펜을,
여자아이에게는 리본으로 깜찍하게 포인트를 주었습니다.
팬츠는 54페이지와 같은 패턴입니다.
옆선을 리본으로 장식해 스타일리시한 느낌을 더해 주었습니다.

옆선의 블랙라인이 멋지다!

신장 81cm 착용 사이즈 80cm

144   143   142   141

143·144 **팬츠** 70 · 80cm
만드는 방법 60페이지

141·142 **카디건** 70 · 80cm
만드는 방법 63페이지

상의에 맞춰 쉽게 코디할 수 있는
깜찍한 하의와
엄마를 위한 큼직한 숄더백

아장아장 걷는 아기에게는
아직 치마보다는 바지가 편합니다.
그래도 여성스런 코디를 해주고 싶다고 말하는
엄마에게 추천하는
레이스를 가득 넣은 풍성한 큐롯팬츠입니다.
기저귀가 보일 걱정도 없답니다.

폭 넓은 코튼 레이스와
세련된 울 레이스가
포인트입니다。

아기와 외출이 잦은 세련된 엄마를 위한
무엇이라도 들어가는 대용량 백입니다.

147

라벨을 붙여볼까요?

이니셜 라벨을 붙이는 것만으로도
디자인의 포인트가 됩니다.
가방 끈와 같은 계열의 색상을
사용하면 더욱 세련된 느낌을
줍니다.

146

145

147 엄마의 숄더백

만드는 방법 115페이지

145・146 큐롯팬츠

70・80cm
만드는 방법 60페이지

아직 기저귀를 떼지 않은 시기라면,
남자아이에게도 여자아이에게도 모두
보아 소재의 폭신폭신한 바지가 제격입니다.
티셔츠나 니트 의류 등과
코디하기 쉬워 편리한 아이템.
바지와 함께 레그 워머도
만들어 주세요.

옆선에 장식 단추를 달아
주었습니다. 단추의 색상
또한 깜찍함을 더합니다.

151	150	149	148

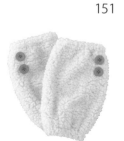   

149·151 　**레그 워머**　70 · 80cm
만드는 방법 58페이지

148·150 　**보아 팬츠**　70 · 80cm
만드는 방법 60페이지

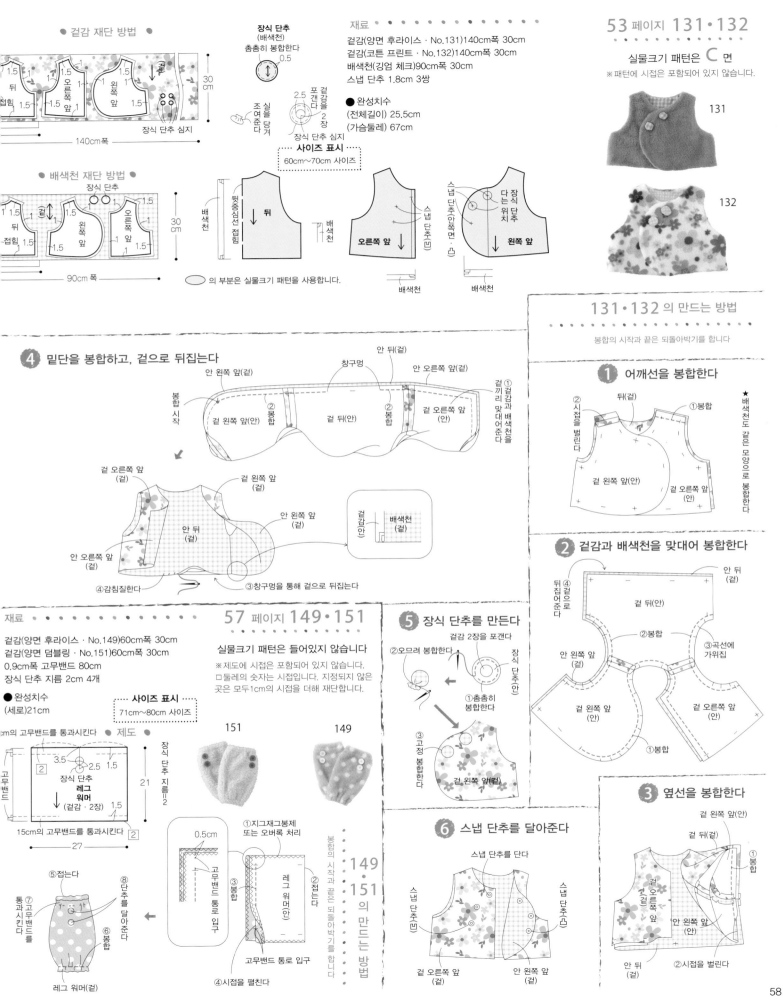

● 겉감 재단 방법 ●

1.5　1　1.5　1.5　1.5
뒤
접힘　오른쪽 앞　왼쪽 앞
1.5　1.5

겉
장식 단추 심지
140cm폭

장식 단추
(배색천)
촘촘히 봉합한다
0.5

조여준다　실을 당겨

2.5　포갠다
겉감을 2장
겉
겉감을 2장
장식 단추 심지

▶ 사이즈 표시 ◀
60cm~70cm 사이즈

재료 ● ● ● ● ● ●
겉감(양면 후라이스 · No.131)140cm폭 30cm
겉감(코튼 프린트 · No.132)140cm폭 30cm
배색천(깅엄 체크)90cm폭 30cm
스냅 단추 1.8cm 3쌍

● 완성치수
(전체길이) 25.5cm
(가슴둘레) 67cm

53 페이지 131·132
실물크기 패턴은 C 면
※패턴에 시접은 포함되어 있지 않습니다.

131

132

● 배색천 재단 방법 ●
30cm
90cm 폭

장식 단추

1　1.5　1.5
뒤
접힘　왼쪽 앞　오른쪽 앞
1.5　1.5

배색천
뒷중심선 접힘
뒤
배색천

스냅 단추(안면·凹)
오른쪽 앞

스냅 단추(안면·凹)　다는 위치
장식 단추
왼쪽 앞

배색천　배색천

의 부분은 실물크기 패턴을 사용합니다.

131·132 의 만드는 방법
봉합의 시작과 끝은 되돌아박기를 합니다

① 어깨선을 봉합한다
②시접을 벌린다
뒤(겉)
①봉합
★배색천도 같은 모양으로 봉합한다
겉 왼쪽 앞(안)
겉 오른쪽 앞(안)

④ 밑단을 봉합하고, 겉으로 뒤집는다

봉합 시작
겉 왼쪽 앞(안)
②봉합
겉 뒤(안)
②봉합
겉 오른쪽 앞(안)
창구멍
안 뒤(겉)
안 왼쪽 앞(겉)
안 오른쪽 앞(겉)
①겉 끼리 겉감과 맞대어 배색천을

겉 오른쪽 앞(겉)
겉 왼쪽 앞(겉)
안 왼쪽 앞(겉)
안 뒤(겉)
안 오른쪽 앞(겉)
④감침질한다
③창구멍을 통해 겉으로 뒤집는다
겉감(안)　배색천(겉)

② 겉감과 배색천을 맞대어 봉합한다
안 뒤(겉)
겉 뒤(안)
④뒤집어 겉으로 해준다
②봉합
③곡선에 가위집
안 왼쪽 앞(겉)
안 오른쪽 앞(겉)
겉 왼쪽 앞(안)
겉 오른쪽 앞(안)
①봉합

재료 ● ● ● ● ● ●
겉감(양면 후라이스 · No.149)60cm폭 30cm
겉감(양면 덤블링 · No.151)60cm폭 30cm
0.9cm폭 고무밴드 80cm
장식 단추 지름 2cm 4개

● 완성치수
(세로)21cm

▶ 사이즈 표시 ◀
71cm~80cm 사이즈

57 페이지 149·151
실물크기 패턴은 들어있지 않습니다
※제도에 시접은 포함되어 있지 않습니다.
□둘레의 숫자는 시접입니다. 지정되지 않은 곳은 모두 1cm의 시접을 더해 재단합니다.

⑤ 장식 단추를 만든다
겉감 2장을 포갠다
②오므려 봉합한다
장식 단추(안)
①촘촘히 봉합한다
③고정 봉합한다
겉 왼쪽 앞(겉)

cm의 고무밴드를 통과시킨다 ● 제도
3.5　2.5　1.5
장식 단추
레그 워머
(겉감·2장)
1.5
21
장식 단추 지름=2
15cm의 고무밴드를 통과시킨다
27
고무밴드　고무밴드

151　149

①지그재그봉제 또는 오버록 처리
0.5cm
고무밴드 통로 입구
②접는다
레그 워머(안)
②봉합
봉합의 시작과 끝은 되돌아박기를 합니다
고무밴드 통로 입구
④시접을 펼친다

149·151 의 만드는 방법

⑥ 스냅 단추를 달아준다
스냅 단추를 단다
스냅 단추(凹)
스냅 단추(凸)
겉 오른쪽 앞(겉)
안 왼쪽 앞(겉)

⑤접는다
⑧단추를 달아준다
⑦고무밴드를 통과시킨다
⑥봉합
레그 워머(겉)

③ 옆선을 봉합한다
겉 왼쪽 앞(안)
겉 뒤(겉)
①봉합
겉 오른쪽 앞(겉)
안 왼쪽 앞(안)
②시접을 벌린다
안 뒤(겉)

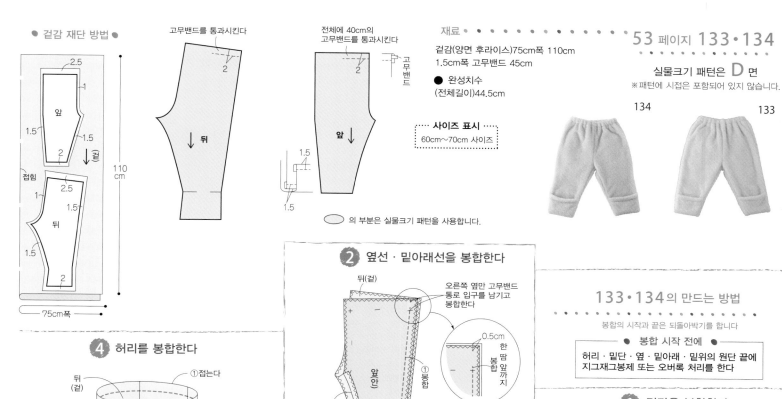

● 겉감 재단 방법 ●

2.5
앞
1.5
1.5
2
접힘
1
2.5
뒤
1.5
1.5
2

110cm

75cm폭

고무밴드를 통과시킨다
2
↓ 뒤

전체에 40cm의
고무밴드를 통과시킨다
2
고무밴드
↓ 앞
1.5
1.5

재료 ● ● ● ● ● ● ● ●
겉감(양면 후라이스)75cm폭 110cm
1.5cm폭 고무밴드 45cm
● 완성치수
(전체길이)44.5cm

┈┈ 사이즈 표시 ┈┈
60cm~70cm 사이즈

53 페이지 133·134

실물크기 패턴은 D 면
※패턴에 시접은 포함되어 있지 않습니다.

134   133

의 부분은 실물크기 패턴을 사용합니다.

② 옆선 · 밑아래선을 봉합한다

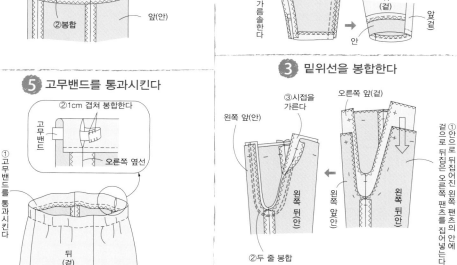

뒤(겉)
오른쪽 옆만 고무밴드
통로 입구를 남기고
봉합한다
앞(안)
0.5cm
한 땀
봉합
앞까지
① 봉합
② 가름솔을 한다
뒤(겉)
앞(겉)
안

③ 밑위선을 봉합한다

왼쪽 앞(안)
③시접을 가른다
오른쪽 앞(겉)
겉으로 뒤집어진 오른쪽 왼쪽 팬츠의 안에 뒤집은 왼쪽 팬츠를 집어넣는다
왼쪽 뒤(안)
왼쪽 앞(안)
왼쪽 뒤(안)
②두 줄 봉합

④ 허리를 봉합한다

①접는다
뒤(겉)
②봉합
앞(안)

⑤ 고무밴드를 통과시킨다

②1cm 겹쳐 봉합한다
고무밴드
오른쪽 옆선
①고무밴드를 통과시킨다
뒤(겉)

133·134의 만드는 방법

봉합의 시작과 끝은 되돌아박기를 합니다

● 봉합 시작 전에 ●
허리·밑단·옆·밑아래·밑위의 원단 끝에
지그재그봉제 또는 오버록 처리를 한다

① 밑단을 봉합한다

앞(안)
②봉합
①접는다
뒤(안)
④봉합
③접는다
뒤(겉)
0.5cm
⑥봉합
⑥봉합
⑤접는다

135·136 의 만드는 방법

봉합의 시작과 끝은 되돌아박기를 합니다

주머니천(안)
④봉합
③시접을 가름솔한다
①지그재그봉제 또는 오버록 처리
주머니천(겉)
틈임끝점
틈임끝점
주머니천(안)
②봉합
틈임끝점
⑤접는다
⑥봉합
⑧끈을 묶는다
⑦끈을 통과시킨다
주머니천(겉)

재료 ● ● ● ● ● ● ●
겉감(폴라플리스·No.135)70cm폭 40cm
겉감(양면 후라이스·No.136)70cm폭 50cm
굵기 0.5cm의 장식 끈 150cm

● 완성치수
세로 36cm× 가로 30cm

끈을 통과시킨다
2.5
끈 통로 입구
3
0.5
0.5
2
3
틈임끝점
틈임끝점
36
주머니천
(겉감·2장)
6   6
30

끈의 통과 방법

탕파(보온 물주머니)의 크기

66.5
51.5
장식 끈·2줄
길이 75 크기 5

53 페이지 135·136

실물크기 패턴은 들어있지 않습니다

※패턴·제도에 시접은 포함되어 있지 않습니다.
□둘레의 숫자는 시접입니다. 지정되지 않은
곳은 모두 1cm의 시접을 더해 재단합니다.

136   135

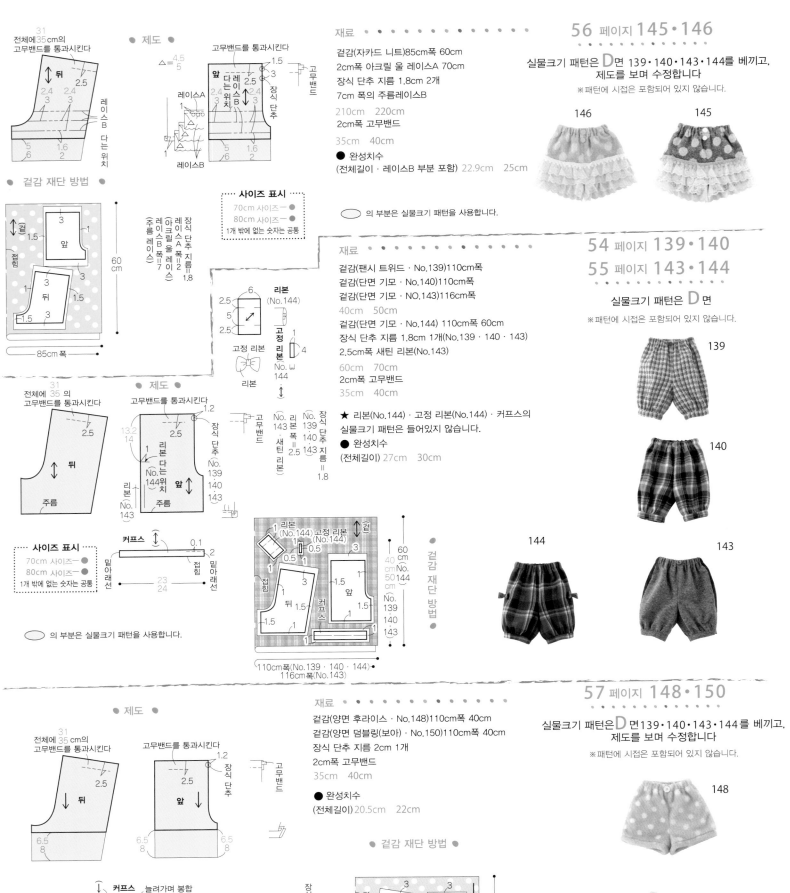

실물크기 패턴은 D면 139 · 140 · 143 · 144를 베끼고,
제도를 보며 수정합니다
※ 패턴에 시접은 포함되어 있지 않습니다.

146　　145

재료

겉감(자카드 니트)85cm폭 60cm
2cm폭 아크릴 울 레이스A 70cm
장식 단추 지름 1.8cm 2개
7cm 폭의 주름레이스B
210cm　220cm
2cm폭 고무밴드
35cm　40cm
● 완성치수
(전체길이 · 레이스B 부분 포함) 22.9cm　25cm

31
전체에 35cm의
고무밴드를 통과시킨다

● 제도 ●

△ = 4.5
5

고무밴드를 통과시킨다

의 부분은 실물크기 패턴을 사용합니다.

겉감 재단 방법

85cm 폭
60cm

● 사이즈 표시 ●
70cm 사이즈─●
80cm 사이즈─●
1개 밖에 없는 숫자는 공통

레이스A 폭 = 2
아크릴 울 레이스A 폭 = 2
레이스B 폭 = 7
(주름레이스)
장식 단추 지름 = 1.8

실물크기 패턴은 D면
※ 패턴에 시접은 포함되어 있지 않습니다.

139　140　144　143

재료

겉감(팬시 트위드 · No.139)110cm폭
겉감(단면 기모 · No.140)110cm폭
겉감(단면 기모 · NO.143)116cm폭
40cm　50cm
겉감(단면 기모 · No.144) 110cm폭 60cm
장식 단추 지름 1.8cm 1개(No.139 · 140 · 143)
2.5cm폭 새틴 리본(No.143)
60cm　70cm
2cm폭 고무밴드
35cm　40cm

★ 리본(No.144) · 고정 리본(No.144) · 커프스의
실물크기 패턴은 들어있지 않습니다.
● 완성치수
(전체길이) 27cm　30cm

31
전체에 35 의
고무밴드를 통과시킨다

● 제도 ●

고무밴드를 통과시킨다

커프스
0.1
밑아래선　밑아래선
접힘
23
24

● 사이즈 표시 ●
70cm 사이즈─●
80cm 사이즈─●
1개 밖에 없는 숫자는 공통

의 부분은 실물크기 패턴을 사용합니다.

리본(No.144)　고정 리본(No.144)
겉
60cm No.144
40cm No.139 · 140 · 143
50cm
110cm폭(No.139 · 140 · 144)
116cm폭(No.143)
겉감 재단 방법

실물크기 패턴은 D면 139 · 140 · 143 · 144 를 베끼고,
제도를 보며 수정합니다
※ 패턴에 시접은 포함되어 있지 않습니다.

148

150

● 제도 ●

31
전체에 35 cm의
고무밴드를 통과시킨다

고무밴드를 통과시킨다

커프스 늘려가며 봉합
밑아래선　밑아래선
접힘
34
35

● 사이즈 표시 ●
70cm 사이즈─●
80cm 사이즈─●
1개 밖에 없는 숫자는 공통

의 부분은 실물크기 패턴을 사용합니다.

재료

겉감(양면 후라이스 · No.148)110cm폭 40cm
겉감(양면 덤블링(보아) · No.150)110cm폭 40cm
장식 단추 지름 2cm 1개
2cm폭 고무밴드
35cm　40cm
● 완성치수
(전체길이) 20.5cm　22cm

● 겉감 재단 방법 ●

40cm
110cm폭

장식 단추 지름 = 2

⑤ 밑위선을 봉합한다

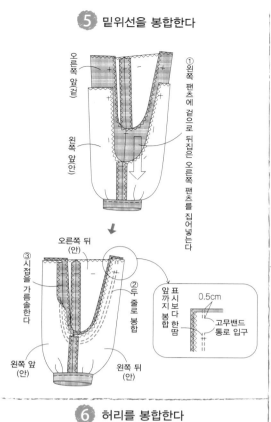

오른쪽 앞(겉)
왼쪽 앞(안)
①왼쪽 팬츠에 겉으로 뒤집은 오른쪽 팬츠를 집어넣는다

오른쪽 뒤(안)
③시접을 가름솔한다
②두 줄로 봉합
왼쪽 앞(안)
왼쪽 뒤(안)

앞 표시까지 봉합
0.5cm
고무밴드 통로 입구
앞까지보다 한 땀

⑥ 허리를 봉합한다

①접는다 ②봉합
앞(겉)

⑦ 고무밴드를 통과시키고, 장식을 달아준다

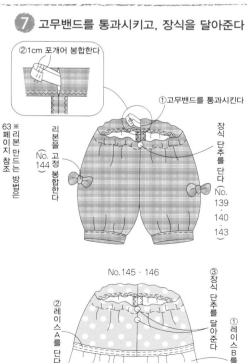

②1cm 포개어 봉합한다
①고무밴드를 통과시킨다
리본을 고정 봉합한다
No.144
장식 단추를 단다
No. 139 · 140 · 143

※63페이지 리본 만드는 방법은 참조

No.145 · 146
①레이스B를 단다
②레이스A를 단다
③장식 단추를 달아준다

③ 밑아래선을 봉합한다

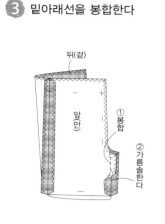

뒤(겉)
앞(안)
①봉합
②가름솔한다

④ 커프스를 만들어 달아준다 (No.139·140·143·144)

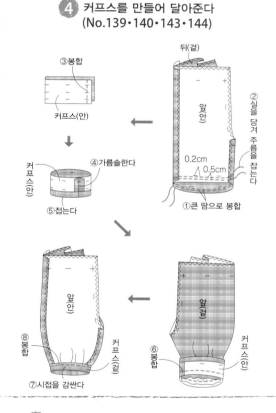

③봉합
커프스(안)
뒤(겉)
앞(안)
②실을 당겨 주름을 잡는다
0.2cm
0.5cm
①큰 땀으로 봉합

커프스(안)
④가름솔한다
⑤접는다

앞(안)
앞(겉)
커프스(겉)
커프스(안)
⑧봉합
⑥봉합
⑦시접을 감싼다

④ 커프스를 만들어 달아준다 (No.148·150)

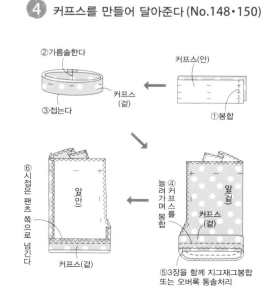

②가름솔한다
커프스(안)
커프스(겉)
①봉합
③접는다

앞(안)
앞(겉)
커프스(겉)
커프스(겉)
④커프스를 늘려가며 봉합
⑤3장을 함께 지그재그봉합 또는 오버록 통솔처리
⑥시접은 팬츠 쪽으로 넘긴다

139·140·143~146·148·150
의 만드는 방법

봉합의 시작과 끝은 되돌아박기를 합니다

● 봉합 시작 전에 ●
허리·옆·밑위·밑아래(No.145·146은 제외)의 원단 끝에 지그재그봉제 또는 오버록 처리를 한다

① 옆선을 봉합한다

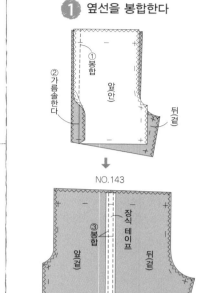

①봉합
앞(안)
뒤(겉)
②가름솔한다

NO.143

③봉합
장식 테이프
앞(겉)
뒤(겉)

② 밑단을 봉합하고, 레이스를 달아준다 (No.145·146)

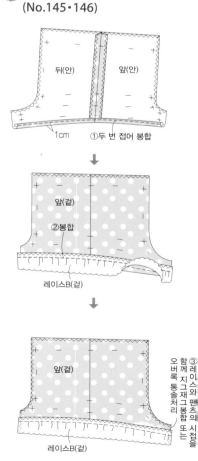

뒤(안) 앞(안)
1cm
①두 번 접어 봉합

앞(겉)
②봉합
레이스B(겉)

앞(겉)
③레이스와 팬츠의 시접을 함께 지그재그 통솔처리 또는 오버록 통솔처리
레이스B(겉)

61

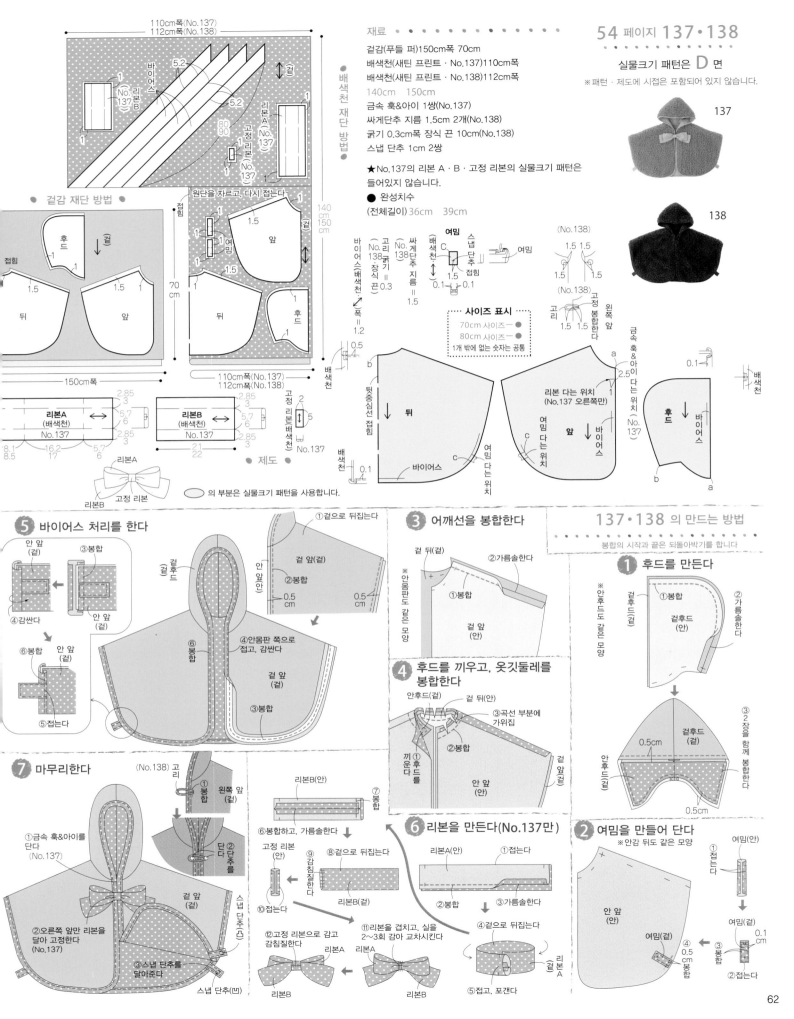

실물크기 패턴은 D 면
※패턴·제도에 시접은 포함되어 있지 않습니다.

재료
겉감(푸들 퍼)150cm폭 70cm
배색천(새틴 프린트·No.137)110cm폭
배색천(새틴 프린트·No.138)112cm폭
140cm　150cm
금속 훅&아이 1쌍(No.137)
싸게단추 지름 1.5cm 2개(No.138)
굵기 0.3cm폭 장식 끈 10cm(No.138)
스냅 단추 1cm 2쌍

★No.137의 리본 A·B·고정 리본의 실물크기 패턴은 들어가 있지 않습니다.

● 완성치수
(전체길이) 36cm　39cm

137
138

137·138 의 만드는 방법
봉합의 시작과 끝은 되돌아박기를 합니다

① 후드를 만든다
② 여밈을 만들어 단다
③ 어깨선을 봉합한다
④ 후드를 끼우고, 옷깃둘레를 봉합한다
⑤ 바이어스 처리를 한다
⑥ 리본을 만든다(No.137만)
⑦ 마무리한다

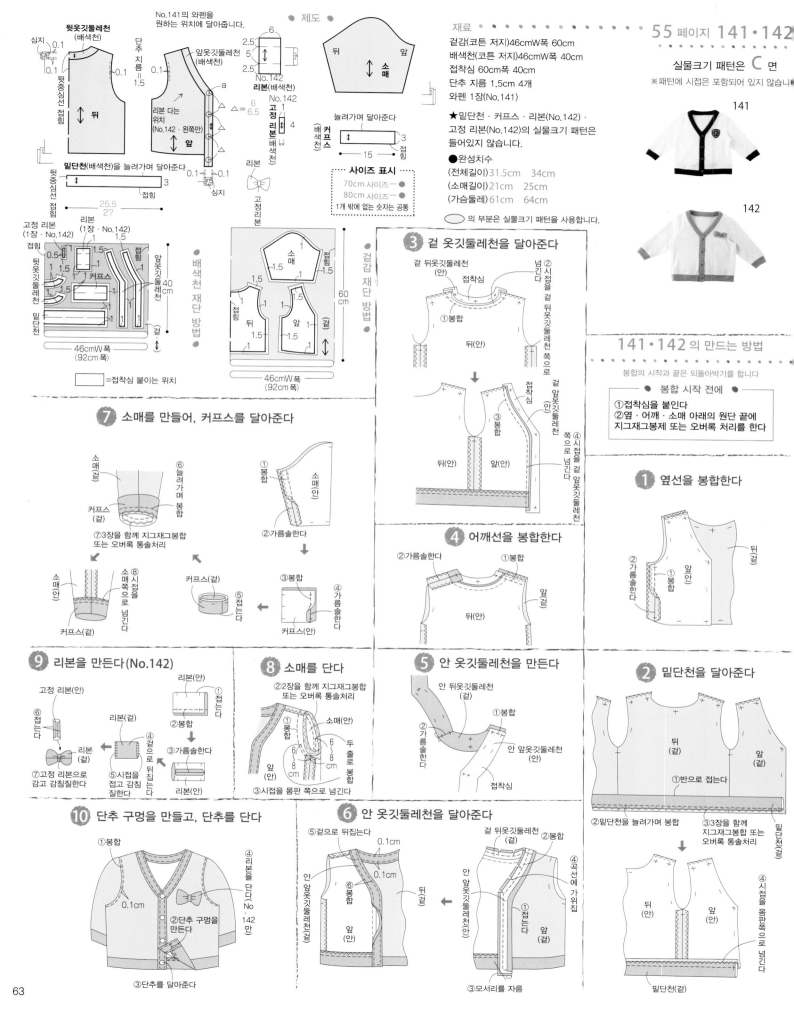

● 제도 ●

No.141의 와펜을 원하는 위치에 달아줍니다.

실물크기 패턴은 C 면
※ 패턴에 시접은 포함되어 있지 않습니다.

141

142

뒷옷깃둘레천 (배색천)
심지
뒤중심선 접힘
0.1 0.1
0.1
0.1

단추 지름 =1.5

앞옷깃둘레천 (배색천)
리본 다는 위치 (No.142·왼쪽만)
0.1 0.1
a
△ = 6.5
6

뒤
앞
소매

2.5 2.5
6
No.142
리본(배색천)
No.142
고정 리본
4
1
고정 리본(배색천)
심지

재료
겉감(코튼 저지)46cmW폭 60cm
배색천(코튼 저지)46cmW폭 40cm
접착심 60cm폭 40cm
단추 지름 1.5cm 4개
와펜 1장(No.141)

★밑단천·커프스·리본(No.142)·고정 리본(No.142)의 실물크기 패턴은 들어있지 않습니다.
●완성치수
(전체길이)31.5cm 34cm
(소매길이)21cm 25cm
(가슴둘레)61cm 64cm

의 부분은 실물크기 패턴을 사용합니다.

밑단천(배색천)을 늘려가며 달아준다
뒤중심선 접힘
접힘
3

25.5
27

커프스(배색천)
늘려가며 달아준다
3
접힘
15

사이즈 표시
70cm 사이즈 ─ ●
80cm 사이즈 ─ ●
1개 밖에 없는 숫자는 공통

고정 리본(1장·No.142)
접힘
0.5
리본(1장·No.142)
1.5
1.5
접힘
1
1.5
커프스
1
1.5
뒷옷깃둘레천
앞옷깃둘레천
40
배색천 재단 방법
밑단천
46cmW폭 (92cm 폭)

소매
1.5
접힘
1.5
접힘
1.5
뒤
1.5
앞
1.5
겉
겉감 재단 방법
60cm
46cmW폭 (92cm 폭)

=접착심 붙이는 위치

③ 겉 옷깃둘레천을 달아준다

겉 뒤옷깃둘레천(안)
접착심
넘긴다
②시접을 겉 뒤옷깃둘레천 쪽으로
①봉합
뒤(안)

접착심
겉 앞옷깃둘레천(안)
③봉합
②
④시접을 겉 앞옷깃둘레천 쪽으로 넘긴다
뒤(안)
앞(안)

141·142 의 만드는 방법

봉합의 시작과 끝은 되돌아박기를 합니다

● 봉합 시작 전에 ●
①접착심을 붙인다
②옆·어깨·소매 아래의 원단 끝에 지그재그봉제 또는 오버록 처리를 한다

① 옆선을 봉합한다

②가름솔한다
①봉합
앞(안)
뒤(겉)

⑦ 소매를 만들어, 커프스를 달아준다

소매(겉)
커프스(겉)
⑥늘려가며 봉합
⑦3장을 함께 지그재그봉합 또는 오버록 통솔처리

①봉합
소매(안)
②가름솔한다

소매(안)
⑧시접을 소매 쪽으로 넘긴다
커프스(겉)

커프스(겉)
⑤접는다
커프스(안)
③봉합
④가름솔한다
커프스(안)

④ 어깨선을 봉합한다
②가름솔한다
①봉합
앞(겉)
뒤(안)

⑨ 리본을 만든다(No.142)

리본(안)
①접는다
②봉합
리본(겉)

고정 리본(안)
⑥접는다
리본(겉)
④겉으로 뒤집는다
리본(겉)
⑤시접을 접고 감침질한다
리본(안)
⑦고정 리본으로 감고 감침질한다

⑧ 소매를 단다
②2장을 함께 지그재그봉합 또는 오버록 통솔처리
소매(안)
①봉합
앞(안)
6
6
8 cm
두 줄로 봉합
③시접을 몸판 쪽으로 넘긴다

⑤ 안 옷깃둘레천을 만든다
안 뒤옷깃둘레천(겉)
①봉합
②가름솔한다
안 앞옷깃둘레천(안)
접착심

② 밑단천을 달아준다
뒤(겉)
앞(겉)
①반으로 접는다
②밑단천을 늘려가며 봉합
③3장을 함께 지그재그봉합 또는 오버록 통솔처리
밑단천(겉)

뒤(안)
앞(안)
④시접을 몸판 쪽으로 넘긴다
밑단천(겉)

⑩ 단추 구멍을 만들고, 단추를 단다
①봉합
0.1cm
②단추 구멍을 만든다
③단추를 달아준다
④리본을 단다(No.142만)

⑥ 안 옷깃둘레천을 달아준다
⑤겉으로 뒤집는다
0.1cm
0.1cm
겉 뒤옷깃둘레천(겉)
②봉합
안 앞옷깃둘레천(겉)
④곡선에 가위집
안 앞옷깃둘레천(안)
⑥봉합
①접는다
앞(겉)
뒤(겉)
③모서리를 자름

기본 스타일의 셔츠 블라우스도 프릴을 달거나,
원단으로 장식하여 변형시켜주면 트렌디한 느낌을
낼 수 있습니다. 스커트는 뒤에 달린 커다란 리본과
풍성하게 사용된 레이스가 포인트입니다.

컬러풀하게 즐기는 캐주얼웨어
Happy☆Colorful
Collection

심플한 옷에 싫증이 났거나, 또는 모험을 해보고 싶지 않으세요?
건강한 어린이에게는 컬러풀하고 깜찍한 캐주얼웨어가
무엇보다 잘 어울립니다.
여자아이에게는 대중적인 액세서리나,
유행하는 체크 베레모도 추천합니다.
한층 더 세련된 스타일을 즐겨보세요.

촬영/ 藤田律子   헤어&메이크업/ 田宮裕子   페이지 디자인/ 紫垣和江   담당/ 斉藤由起 矢島悠子

신장 110cm 착용 사이즈 110cm

신장 110cm 착용 사이즈 110cm

팬츠에는 블레이드를 포인트로, 롤업해서 입어도 멋진 스타일이 연출됩니다.

남자아이의 셔츠는 스트라이프나 도트 등을 조합해주면 시원한 느낌으로 완성됩니다.

153

152

152 · 153 셔츠
90 · 100 · 110 · 120cm
만드는 방법 108페이지

154

155

154 · 155 팬츠
90 · 100 · 110 · 120cm
만드는 방법 112페이지

For Girl

158 · 159 스커트
90 · 100 · 110 · 120cm
만드는 방법 107페이지

158

159

156 · 157 블라우스
90 · 100 · 110 · 120cm
만드는 방법 108페이지

156

157

마음에 드는 라벨을 골라 붙여보세요.
자신의 이름을 넣어준다면 분명 소중하게 입을 것입니다.

여자아이에게는 인조 퍼의 볼레로와 퍼가 달린 숏 팬츠를 매치해주면 훨씬 세련된 코디가 됩니다.

남자아이에게는 비비드한 풀 칼라의 퍼 조끼와 멜빵이 달린 팬츠, 그리고 모자를 매치해 블랙 계열로 세련미를 강조하였습니다.

For Boy

For Girl

162 베스트
90・100・110・120cm
만드는 방법 111페이지

160 볼레로
90・100・110・120cm
만드는 방법 110페이지

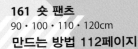

163 팬츠
90・100・110・120cm
만드는 방법 112페이지

161 숏 팬츠
90・100・110・120cm
만드는 방법 112페이지

목걸이＆헤어 악세사리
Necklace＋
Hair Accessory

하트 모티브의 펠트 목걸이와
솜을 넣어 통통하게 만든
리본 모티브의 헤어끈은
여자아이라면 누구나 좋아할 아이템입니다.

165

164

164・165 목걸이
만드는 방법 91페이지

167

166

166・167・168 머리끈
만드는 방법 114페이지

168

ForGirl

베레모＆핸드백
Beret＋Pochette

169 베레모
머리둘레 50・52・54cm
만드는 방법 114페이지

유행하는 체크 프린트로 만든 베레모는
모노톤의 의상에도 잘 어울립니다.
원단을 패치해 컬러풀하게 완성한
꽃 모양의 핸드백은
코디의 포인트 아이템!

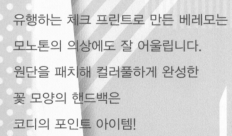

170 핸드백
만드는 방법 115페이지

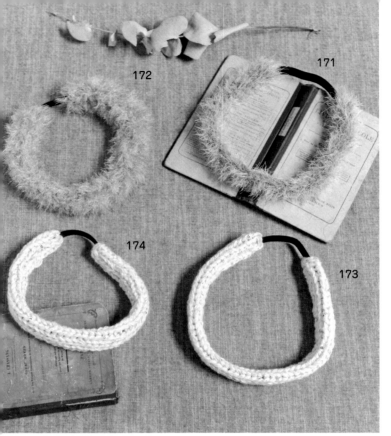

겨울철 세련된 아이템

메리야스뜨기 방식으로 멋지고 세련된
아이템을 간단하게 만들 수 있는 「쿠루룬」을 이용해
슈슈나 헤어밴드를 만들어보지 않으시겠어요?
조그만 선물이나 가벼운 답례품으로
크리스마스 파티나 연말연시 모임의 선물로
추천합니다.

[쿠루룬]

171 · 173 성인용 헤어밴드
172 · 174 · 177 아동용 헤어밴드
175 · 176 · 178 ~ 183 슈슈
만드는 방법 69페이지

촬영/ 藤田律子（p.68）　모델/ ヒロミ　헤어&메이크업/ 鵜久森真二
페이지 디자인/ 佐藤次洋　일러스트/ 佐々木真由美　담당/ 名取美香、野崎文乃

No.175 · 176 슈슈
No.175 털실(블루)
No.176 털실(핑크)
약 8m
헤어 고무밴드 1개

No.178~180 슈슈
No.178 털실(핑크)
No.179 털실(레드)
No.180 털실(화이트)
약 22cm
헤어 고무밴드 1개

No.171 성인용 헤어밴드
털실(그레이) 약 11m
1.5cm폭 고무밴드 55cm

슈슈와 헤어밴드를 만들어 보아요

No.177 아동용 헤어밴드
털실(핑크) 약 12m
1.5cm폭 고무밴드 51cm

No.181 슈슈
털실(베이지) 약 8m
새틴 리본 18mm폭 45cm
헤어 고무밴드 1개

No.172 아동용 헤어밴드
털실(핑크) 약 15m
1.5cm폭 고무밴드 51cm

★No.171~174, 177의
헤어밴드의 고무밴드는
1cm 포개어 겹쳐 고정 봉합
하고 고리로 만들어 둡니다.

★털실과 털실용 바늘을
사용합니다.

No. 182 슈슈
털실(그레이) 약 8m
새틴 리본 18mm폭 45cm
헤어 고무밴드 1개

No.173 성인용 헤어밴드
털실(화이트) 약 42cm
1.5cm폭 고무밴드 55cm

No.183 슈슈
털실(화이트) 약 8m
새틴 리본 18mm폭 45cm
헤어 고무밴드 1개

No.174 아동용 헤어밴드
털실(화이트) 약 38cm
1.5cm폭 고무밴드 51cm

만드는 방법

1 실패에 실을 감고 그림과 같이 쿠루룬에 실을 걸어줍니다.

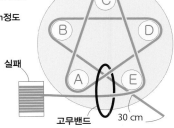

※고무밴드에 통과시키면서
A~E의 순서로 실을
걸어줍니다.
실 끝은 30cm정도
남깁니다.

실패
고무밴드
30 cm

2 엮어줍니다

④실이 감긴 실패를 고무밴드
에 통과 시킵니다. ①~④를
반복합니다.

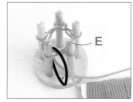

③ ①,②를 반복하고, 고무
밴드의 바로 앞(E)까지
한바퀴 엮어줍니다.

② 나무 기둥(A)에 걸린 아랫실
(▲)을 집어 실이 감긴 실패
의 실(■)에 덮어 씌우듯이
기둥에 끼워줍니다.

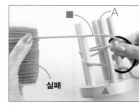

① 실이 감긴 실패의 실(■)을
기둥(A)에 걸린 실(▲)의 위로
오게 합니다.

실패

3 마무리합니다

⑤ 실 끝을 잡아 당깁니다.

④ 실 끝을 모아 기둥에서 실을
빼냅니다.

③ ②를 반복하여 한바퀴 돌려
줍니다.

② 실이 감긴 실패의 실을 털실용
바늘에 끼우고, 나무 기둥(A)에
걸린 실을 아래에서 위로 바늘
을 통과시켜 줍니다.

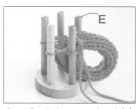

① 남은 실이 30cm 정도면 (E)
까지 엮어 고무밴드에 실을
통과시킵니다.

4 실을 잘라냅니다

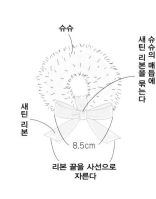

슈슈
새틴 리본을 묶는다
슈슈의 매듭에
새틴 리본
8.5cm
리본 끝을 사선으로
자른다

슈슈의 마무리 방법
No.
181
～
183

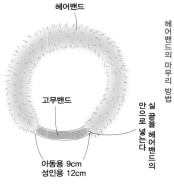

헤어밴드
고무밴드
아동용 9cm
성인용 12cm

실 끝을 헤어밴드의
안으로 넣는다

헤어밴드의 마무리 방법
No.
171
～
174,
177

② 실을 잘라 실 끝을 슈슈의
안으로 집어넣으면 완성.

① 처음의 실과 털실용 바늘에
끼워진 실을 2~3번 단단히
묶어줍니다.

Fashion Start

전문가와 함께하는 대한민국 대표 패션 DIY 쇼핑몰

패션스타트!

나의 작품으로 키워가는 소중한 내 가족의 사랑과 행복 !
[고객 행복파트너]를 지향하는 패션스타트가 고객님의 곁에서 언제나 함께합니다.

패션스타트는 원단, 부재료, 패턴, 서적, 그리고 미싱(재봉틀) 등 10,000여종의 다양한 퀄리티 높은 상품과
수준 높은 서비스로 소잉을 처음 시작하는 초보자부터 고급 수준의 고객님까지 DIY를 사랑하는 모든 분들과 함께합니다.

심플소잉&NCC Shop Guide

가까운 심플소잉&NCC 매장에서 핸드메이드를 시작하세요.

Shop 01 **인천 송도점**

달콤한 소잉을 만날 수 있는 곳

소잉을 사랑합니다. 소잉은 따뜻합니다. 많은 것을
바라지 않습니다. 바늘 하나로 소원을 이룰 수 있는
곳. 특별한 것이 아니어도, 주위를 조금만 둘러보면
소잉은 우리 주변 어디에나 있습니다.

♣ **오픈시간**
월, 화, 수, 금 : 10:00 ~ 18:00
(목요일, 토요일, 일요일 및 국경일 휴무)

♣ **주소**
인천광역시 연수구 송도동 21-60번지 현대
힐스테이트 401동 133호

♣ **전화번호**
070-7559-1357

♣ **약도**

Shop 02 **제주 서귀포점**

지금 사랑하고 있다면 제주에 오세요~

때로는 마음에 담은 말들을 온전히 전하지 못할 때가
있습니다. "사랑해" 라는 말 한마디로 사랑하는 사람
에게 나의 진심을 전하세요. 사랑하는 마음을 전하
는 건 어렵지 않습니다. 지금 사랑하고 있다면, 제주
서귀포점으로 오세요.

♣ **오픈시간**
월, 수, 금 : 09:30 ~ 18:30 / 화, 목 : 09:30 ~ 21:30
토 : 09:30 ~ 13:00
(일요일 및 국경일 휴무)

♣ **주소**
제주특별자치도 서귀포시 동홍동 96-4번지 1층

♣ **전화번호**
064-733-5151

♣ **약도**

Simple Sewing

NCC | New Premium Sewing Machine
뉴 프리미엄 스타일 미싱
www.ncckorea.co.kr
1644-5662

Shop 03 대구 시지점

핸드메이드의 매력에 빠져들다...
지나가다가 다시 한 번 고개 돌려보게 되는 화이트
톤의 예쁜 가게, 심플소잉 대구 시지점. 의상학을
전공해서 20년동안 소잉작업을 해온 백인숙 작가
님의 수업은 화기애애한 분위기로 수업내내 웃음
소리가 끊이지 않는다. 초등학생부터 70대 할머니
까지 수강생을 배출한 심플소잉 대구 시지점은 누구
라도 편안하게 문을 두드릴 수 있고, 누구라도 쉽게
핸드메이드의 즐거움에 빠져들 수 있는 곳이다.

♣ **오픈시간**
  월, 목, 금 : 10:00 ~ 18:30 / 화, 수 : 10:00 ~ 21:30
  (토요일, 일요일 및 국경일 휴무)
♣ **주소**
  대구광역시 수성구 신매동 279-1번지 올리브카운티
  107호 (효성백년가약청 정문 맞은편)
♣ **전화번호**
  070-4406-8220 / 010-3022-0060
♣ **약도**

Shop 04 분당 판교점

바쁜 일상속의 작은 여유
천천히.. 고요하게.. 일상속의 작은 여유. 평화와 고요,
로맨스와 순수함. 느긋함. 사랑, 소녀, 꿈, 하늘...
아름다운 생활의 여유를 불러일으키고 싶습니다.
지친 일상 생활에 의해 아름다운 생활의 여유가 되는
일을 잊어먹고 있지는 않으세요? 바쁜 일상 속 작은
여유를 드리고 싶습니다.

♣ **오픈시간**
  월, 화, 수, 금 : 10:30~18:00
  (목요일, 토요일, 일요일 및 국경일 휴무)
♣ **주소**
  경기도 성남시 분당구 판교동 603번지 1층
♣ **전화번호**
  031-8017-9999
♣ **약도**

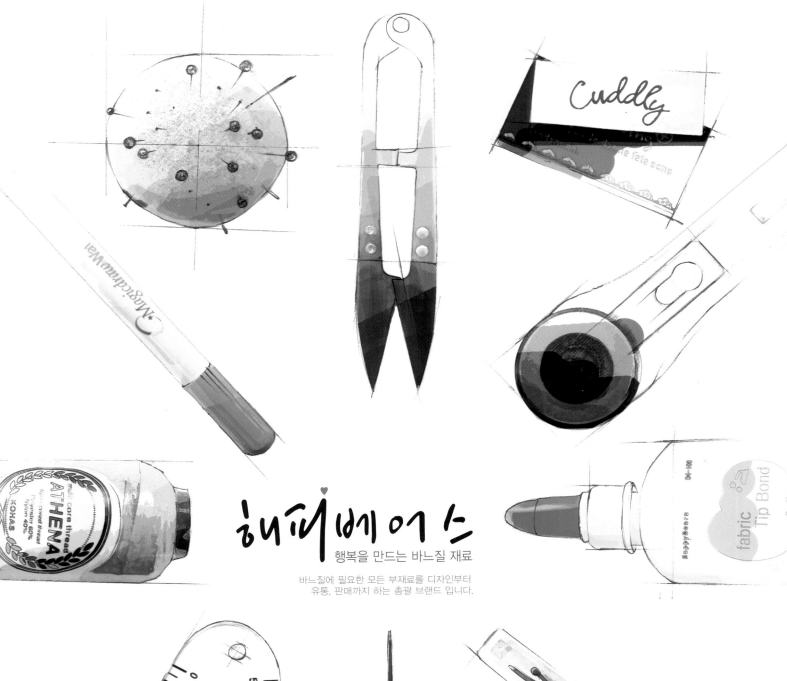

해피베어스

행복을 만드는 바느질 재료

바느질에 필요한 모든 부재료를 디자인부터
유통, 판매까지 하는 총괄 브랜드 입니다.

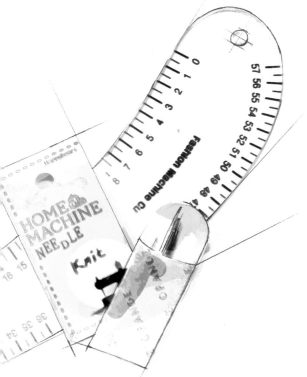

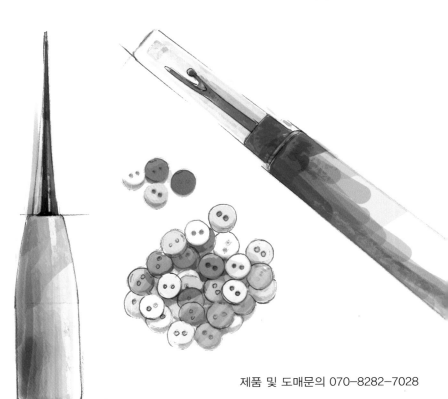

체계적이고 실용적인 패션 소잉전문 교육프로그램
FASHION SEWING ACADEMY

OPEN

패션소잉 아카데미
Fashion Sewing Academy

패션스타트와 FSA 사무국에서 1년여의 오랜기간을 거쳐 준비한 국내유일의 단독 패션 소잉전문 교육프로그램인 FSA가 국내최대 DIY 쇼핑몰인 '패션스타트'에서 지난 11월 1차 강사모집을 시작으로 그 모습이 공개되었습니다.
"국내유일" 그리고 "단독 패션 소잉전문 교육프로그램"이란 슬로건으로 공개된 FSA에 대하여 소개해 드립니다.

▼ 1. FSA(Fashion Sewing Academy)란

"㈜코하스"와 "패션스타트"에서 패션의류 교육패키지 및 교육관련 자료, 그리고 본사 교육과정 등 소잉교육에 필요한 전반적인 모든 내용을 체계적이고 실용적으로 구성한 "패션 DIY 전문 교육프로그램"으로,

소잉 DIY 전문강사를 육성하여 가정이나 공방 등 장소의 제한을 벗어나 편리하면서도 체계적인 교육을 실시할 수 있도록 지원하며, 소잉DIY에 관심을 가지고 있는 모든 분들이 보다 쉽고 편리하게 체계적인 소잉교육을 접할수 있도록 함으로써 대한민국 소잉DIY 문화를 더욱더 대중화하고 선진화 하기 위한 교육프로그램 지원 제도입니다.

▼ 2. FSA는 패션소잉을 배우기 원하는 분과 교육하기를 원하는 분, 모두를 위합니다.

● FSA를 통하여 수강생은,

① 편안하고 부담없는 마음으로 강사자격을 소지한 전문강사를 통하여 체계적이고 정확한 교육을 수강하실 수 있으며

② FSA의 소잉교육을 통하여 즐겁고 행복한 새로운 DIY 라이프스타일을 경험하실 수 있습니다.

③ 더불어, 교육에 필요한 각 아이템별 제작상품은 본사에서 직접 제작/지원함으로써 최고의 원단 및 부재료 상품으로 교육을 수강하실 수 있으며,

④ 제작하고자 하는 아이템을 직접 선택하여, 강사와 일정을 잡아 자유롭게 교육 받으실 수 있습니다.

● FSA를 통하여 강사는,

① 시간/ 장소/ 재료 등 여러 상황 등으로 인하여 소잉노하우를 전수할 수 없었던 아쉬움을 FSA에서 지원하는 다양한 혜택을 통하여 부담없이 해결하실 수 있으며,

② FSA 수료증 및 강사인증서를 통해 소잉 전문가로서의 자부심과 긍지, 그리고 만족 을 동시에 느낄 수 있습니다.

③ 더불어, 교육에 필요한 "교육 패키지" 및 "강사용 교재", 그리고 "본사교육" 등 다양한 지원과 함께

④ 패션스타트 쇼핑몰에서 제공하는 높은 수준의 "다양한 혜택"을 받으실 수 있습니다.

▼ 3. FSA는 체계적인 구성과 지원으로 강사 및 수강생 모두에게 만족을 드립니다.

● FSA 교육프로그램 지원

FSA는 '㈜코하스'와 '패션스타트'가 기획/운영하는 "DIY 의상전문 교육 프로그램"으로, 철저한 본사관리와 함께 다양한 지원을 통하여 교육을 수강하는 수강생 및 강사님들께 타 교육기관과 비교할 수 없는 만족과 자부심을 선사해 드립니다.

01. FSA 사무국의 체계적 관리 및 본사교육 지원

02. FSA 수료증 및 강사 인증서 발급

03. 강사용교재, FSA소개책자, 수강생노트 등 각종 교육자료 제공

04. 원단, 부재료, 패턴으로 구성된 "교육패키지" 제공

〈 패턴 〉 〈 원단 〉 〈 부재료 〉

05. '초급 / 중급 / 고급' 과정으로 구성된 총 45가지 아이템의 교육패키지 구성.
　– 신생아부터 코트 아이템까지, 의상 아이템 중 실질적으로 가장 많이 제작하고 싶어하고, 제작되어지는 아이템으로 선정하였습니다.

검색창에 [패 션 스 타 트 ▼] 를 쳐보세요!

* 정보제공: FSA 사무국 www.Fahionstart.net
* FSA 사무국 연락처: 070-7507-8957 / 070-4014-3220
* 패션소잉 전문 교육프로그램 FSA(Fashion Sewing Academy)는 [패션스타트] 사이트에서 보다 자세한 정보를 확인하실 수 있습니다.

오버록 미싱 완전 정복! LaLaLa Series

알고 계셨나요? 오버록 미싱 하나만 있어도 기성복과 같은 옷을 만들 수 있다는 사실!
어렵게 느낄 필요가 전혀 없습니다. LaLaLa 시리즈는 All Color 사진설명서로 기초부터 응용까지
오버록 미싱을 백배 활용할 수 있도록 도와드립니다!

크라이 무끼의
LaLaLa 3
오버록 미싱으로 만드는 아이옷

총 22작품 수록 / 13,500원

봄·여름·가을·겨울철 아이옷 22가지 아이템으로 꽉꽉 채운 LaLaLa 3권이 드디어
출간되었습니다. LaLaLa 3권 하나면 언더웨어부터 점퍼, 드레스까지 만들 수 있습니다.
오버록 미싱을 사용하면 많은 시간을 들이지 않고도 옷을 만들 수 있기 때문에 소잉이
전혀 어렵지 않게 느껴질 것입니다.

크라이 무끼의
LaLaLa 2
오버록 미싱의 기초

총 23작품 수록 / 13,500원

기초부터 차근차근, 오버록 미싱을 처음 접하는 초보자들을 위한
필독서! 기본 T셔츠부터 후드T, 스커트, 카디건, 재킷까지 여성복
의 모든 것을 담았습니다. 직접 내 옷을 만들며 오버록 미싱과 친
해져 보세요.

크라이 무끼의
LaLaLa 4
오버록 머신*남성복

총 16작품 수록 / 12,000원

LALALA 시리즈가 남성복과 만났습니다! 사랑하는 남편을 둔
아내, 그리고 고학년 아이를 둔 엄마라면 주저말고 만나보세요. T
셔츠부터 재킷까지 트렌디한 디자인만을 엄선하였습니다. 더불어
S~XL까지 총 5가지 사이즈가 담긴 실물크기 패턴이 들어있어
연령대나 체형을 고려할 수 있어 더욱 유용합니다.

크라이 무끼의
LaLaLa 5
오버록으로 만드는
아기 옷

총 23작품 수록 / 12,500원

앙증맞고 사랑스러운 아기 옷. 하지만 민감한 아기 피부에 해로울
까 걱정이십니까? 그렇다면 직접 만들어 보세요! 원단을 직접 고를
수 있어 안심이 되고 아기를 위해 준비하는 시간도 행복하게 느껴
질 것입니다. 아기에게 필요한 배냇저고리부터 턱받이, 손싸게,
양말, 우주복, 재킷, 망토, 돌드레스까지 총 23개의 아이템을 담았
습니다.

※각 서적에는 All Color 사진설명서가 들어있어 초보자들도 쉽게 따라 만들 수
있습니다. 또한 각 사이즈별로 그레이딩된 패턴이 들어 있습니다.
위 서적들은 패션스타트(www.fashionstart.net)와 심플소잉(www.simplesewing.co.kr) 및
온/오프라인 서점에서 구입하실 수 있습니다.

소잉스토리는 소잉D.I.Y 취미실용서와 잡지를 출간합니다.
www.sewingstory.com

■ 참고 사이즈와 사이즈 재는 방법

〈아동복 참고 사이즈표〉

사이즈		신장 (cm)	가슴둘레 (cm)	허리둘레 (cm)	엉덩이둘레 (cm)	등길이 (cm)	소매길이 (cm)	밑위길이 (cm)	밑아래길이 (cm)	머리둘레 (cm)	체중 (kg)	기준
60cm 사이즈		60	42	40	41	18	18	13	17	41	6	3개월 전후
70cm 사이즈		70	46	42	45	19	21	14	22	45	9	6~12개월
80cm 사이즈		80	49	46	47	21	25	15	27	48	11	12~18개월
90cm 사이즈		90	51	48	52	23	28	16	32	50	13	2~3세
100cm 사이즈		95~105	54	51	58	25	31	17	38	52	16	3~4세
110cm 사이즈		105~115	56	53	61	27	35	18	43	54	20	5~6세
120cm	남	115~125	64	57	62	30	38	18	49	55	26	7~8세
사이즈	여		62	55	63	29		19	49		25	

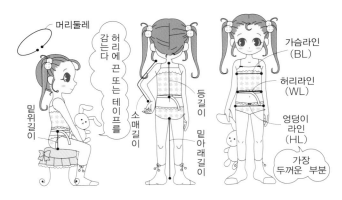

머리둘레
가슴라인 (BL)
허리에 끈 또는 테이프를 감는다
허리라인 (WL)
밑위길이
등길이
소매길이
엉덩이라인 (HL)
밑아래길이
가장 두꺼운 부분

〈여성복 참고 사이즈표〉

사이즈	가슴둘레 (cm)	허리둘레 (cm)	엉덩이둘레 (cm)	등길이 (cm)	소매길이 (cm)	밑위길이 (cm)	밑아래길이 (cm)	머리둘레 (cm)
S	79	62	84	37	52	25	68	55
M	84	66	90	38	53	26	70	56
L	88	69	95	39	54	26.5	72	57

〈남성복 참고 사이즈표〉

사이즈	가슴둘레 (cm)	허리둘레 (cm)	엉덩이둘레 (cm)	등길이 (cm)	어깨폭 (cm)	소매길이 (cm)	밑위길이 (cm)	밑아래길이 (cm)
남성 M	92	80	92	47	43	57	24	71
남성 L	96	84	97	50	45	60	26	76

옷을 만들거나 패턴을 선택할 때, 나이나 신장보다 바지는 엉덩이와 허리치수를, 블라우스는 가슴치수에 맞춰 가장 근접한 사이즈를 선택하세요.

■ 제도기호

본 책의 제도페이지에 등장하는 제도기호입니다.

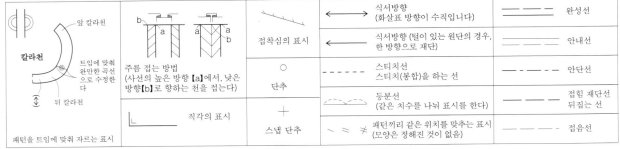

앞 칼라천 / 칼라천 / 뒤 칼라천 / 트임에 맞춰 완만한 곡선으로 수정한다 / 패턴을 트임에 맞춰 자르는 표시	주름 접는 방법 (사선의 높은 방향【a】에서, 낮은 방향【b】로 향하는 천을 접는다)

접착심의 표시	○ 단추	+ 스냅 단추	직각의 표시

←→ 식서방향 (화살표 방향이 수직입니다)	── 완성선
← 식서방향 (털이 있는 원단의 경우, 한 방향으로 재단)	─ ─ 안내선
- - - 스티처선 스티치(봉합)을 하는 선	─·─·─ 안단선
등분선 (같은 치수를 나눠 표시를 한다)	접힘 재단선 뒤집는 선
\ = ≠ 패턴끼리 같은 위치를 맞추는 표시 (모양은 정해진 것이 없음)	── ── 접음선

제도 페이지 치수 단위는 모두 cm(센티미터)입니다.

옷의 부위별 명칭

■ 스커트

허리선
옆선
밑단선

■ 바지

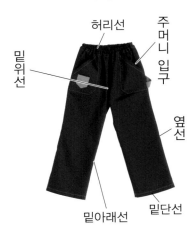

허리선
주머니 입구
밑위선
옆선
밑아래선
밑단선

■ 상의 · 원피스

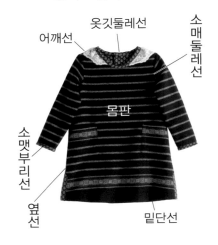

옷깃둘레선
어깨선
소매둘레선
몸판
소맷부리선
옆선
밑단선

4 패턴을 자른다.

③완성선을 접습니다.

①패턴을 종이가위로 바깥쪽 선을 따라 자릅니다.

②교차하는 부분을 넉넉히 남기고 종이를 자릅니다.

④접은 상태로 시접선을 따라 자릅니다.

5 천에 다림질을 한다.

(안)

옷감 결의 비틀림이 클 경우는 옷감의 결을 비스듬히 당기면서 다림질로 정리합니다.

⑤교차하는 부분이 사진과 같은 시접의 형태가 됩니다.

6 천을 자른다.

시침핀

식서방향

(겉)

가장자리

패턴의 식서선

①천의 재단방법을 참고해 원단 위에 자른 패턴을 올려놓고 시침핀으로 고정합니다. 이 때, 패턴의 식서선과 원단의 수직방향을 맞춥니다.

7 접착심을 붙인다.

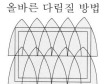

올바른 다림질 방법

잘못된 다림질 방법

접착이 안된 부분

얇은종이

접착심

접착심의 접착면(꺼끌꺼끌한 면)을 원단의 안쪽에 맞추고 스팀다리미로 붙입니다.

②원단용 가위로 패턴의 시접선을 따라 원단을 자릅니다.

8 표시를 한다.

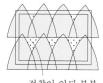

소프트 룰렛

두꺼운 종이

페이퍼

양면초크

두꺼운 종이를 받침으로 해서 천 사이에 양면 초크페이퍼를 끼워서 완성선을 소프트 룰렛으로 덧그려서 표시를 합니다.

초크페이퍼로 표시되지 않는 원단(털이 있는 소재·얇은 소재)은 1장씩 시접없이 패턴을 놓고 시침질이나 손바느질로 실표뜨기를 하고, 그 후에 시접을 그려 원단을 재단합니다.

시침질이 끝난 상태

시침질

시침질

겉

상태 표시한 것이 끝

1 만들고 싶은 작품을 결정한다.

천의 재단방법

작품번호

64페이지 107·108

실물크기 패턴의 면

①만들고 싶은 작품이 결정되면 만드는 방법 페이지를 폅니다. 패턴이 A, B, C, D의 어느 면에 있는지 확인합니다.

패턴의 면

CUCITO

D

작품번호

②패턴지에서 ①에서 확인한 면을 폅니다 실물크기 패턴의 표에서 본 책의 작품번호와 같은 번호로 되어 있는 사용패턴 번호의 선·색·패턴의 장수를 체크합니다.

패턴기호

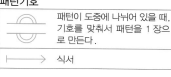

패턴이 도중에 나뉘어 있을 때, 기호를 맞춰서 패턴을 1장으로 만든다.

식서

선의 종류·수량

작품·패턴번호

③바깥선에 있는 표시를 보고 필요한 부분을 찾습니다.

2 패턴을 베껴 그린다.

※ 안감 등 몸판의 패턴 중에 함께 그릴 수 있는 경우는 몸판과 별개로 부분을 따로 베껴냅니다.

※ 필요한 사이즈의 선, 맞춤점, 다는 위치, 식서를 베끼고 명칭도 잊지 말고 기입합니다.

※ 1장씩 원단을 자를 경우는 접힘이라고 쓰여있는 부위는 펴서 베껴냅니다.

불투명 종이에 베끼는 경우

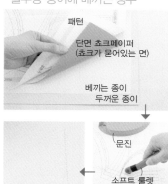

패턴

단면 초크페이퍼 (초크가 묻어있는 면)

베끼는 종이 두꺼운 종이

문진

소프트 룰렛

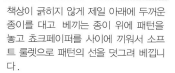

책상이 긁히지 않게 제일 아래에 두꺼운 종이를 대고 베끼는 종이 위에 패턴을 놓고 초크페이퍼를 사이에 끼워서 소프트 룰렛으로 패턴의 선을 덧그려 베낍니다.

투명 종이에 베끼는 경우

문진

상태 패턴을 베끼고 끝난

얇은 종이를 베끼고 싶은 패턴 위에 겹치고 종이가 비뚤어지지 않도록 문진으로 고정하고 직선은 방안자, 곡선은 커브자를 사용하여 샤프로 베낍니다.

3 시접분을 그린다.

시접을 그린 후 상태

베낀 패턴에 시접을 그린다.

※ 각 부위의 시접은 「천의 재단방법」을 참고해서 붙여주세요.

※ 시침질 할 경우는 여기서 시접을 붙이지 않습니다.

매듭고정

다 봉합한 후에도 실이 뽑히지 않도록 모두 봉합한 후 실 끝을 매듭지어 놓는 것이 매듭고정입니다.

2 실을 감은 부분을 엄지로 누릅니다.

1 모두 봉합한 후 바늘땀에 바늘을 놓고 실을 2~3번 감습니다.

4 실을 자르고 완성

3 엄지로 누른 상태에서 바늘을 잡아 당겨 뺍니다.

단추구멍의 크기 결정 방법

꽃무늬 단추
크기
두께
단추크기 + 두께

버섯모양 단추
지름
두께
단추지름 + 두께의 절반

원형단추
지름
두께
단추지름 + 두께

단추구멍의 위치 결정 방법

디자인에 따라 세로로 단추구멍을 뚫어야 할 경우는 세로 단추구멍

0.1 ~ 0.2 cm 단추의 실기둥

세로의 경우

가로로 당기는 힘에 강함

0.1 ~ 0.2 cm 단추의 실기둥

가로로 단추구멍을 뚫으면

가로의 경우

실기둥 만드는 방법

옷에 딱 붙게 달면 원단 두께분이 부족하므로 단추가 걸리지 않도록 실기둥을 답니다.

바늘

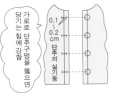
매듭고정

2 단추의 아래에 실기둥의 공간을 만들기 위한 바늘을 끼워 2~3번 단추에 실을 통과시킵니다.

1 단추다는 실을 2줄로 해서 매듭묶기를 만들어 밑에서 위로 실을 올려 뺍니다.

매듭묶기

4 다시 한 번 바늘을 통과시켜 매듭고정을 만들고 실을 자릅니다.

3 실기둥 바늘을 빼고나서 3~4번 실을 감습니다.

5 완성

스냅 단추다는 방법

凹 凸

3 뺌 4 바늘을 통과하게 한다
1 뺌 2 넣음

매듭묶기

2 凸스냅의 한 구멍에 바늘을 통과시 킵니다.

1 손바느질 실을 한올로 해서 매듭묶기를 만들고 밑에서 위로 실을 올려 뺍니다.

3 실을 당겨가며 한 구멍마다 2~3번 실을 통과시켜 고정합니다.

매듭고정

6 凸의 스냅과 같은 방법으로 답니다.

5 凹스냅 위치를 결정할 때는 스냅의 정중앙의 뚫린 구멍에 바늘을 넣어 위치를 결정하면 틀어지지 않습니다.

완성

4 매듭고정을 만들고 실을 마지막 통과한 곳의 반대쪽으로 바늘을 빼면서 매듭고정을 스냅의 아래로 넣고 실을 자릅니다.

매듭묶기

손바느질을 시작하기 전에 실이 빠지지 않도록 실 끝을 매듭지어 놓는 것이 매듭묶기입니다.

2 실의 교차지점을 누르고 검지를 옮기 며 실을 꼽니다.

1 실 끝을 탄탄히 당겨잡고 검지로 실을 한바퀴 감습니다.

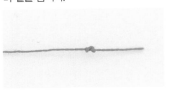

4 매듭묶기 완성

3 꼰 실을 검지와 엄지로 누르고 실을 강하게 꼬면서 당깁니다.

촘촘한 바느질

바늘 끝만을 움직여 좀 더 촘촘히 봉합하는 방법입니다. 주머니의 곡선부분이나 주름을 잡을 때 등 긴 쪽의 천을 짧은 쪽의 길이에 맞추기 위해 줄일 때 사용하는 방법입니다.

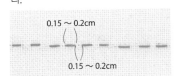
0.15 ~ 0.2cm
0.15 ~ 0.2cm

보통 바느질

손바느질의 기본이 되는 바느질입니다. 본 책에서 「시침질」이라고 표기하고 있는 곳은 이 바느질 방법을 사용합니다.

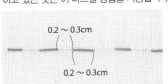
0.2 ~ 0.3cm
0.2 ~ 0.3cm

일반 공그르기

일반적인 공그르기 방법으로 본 책에서 공그르기라고 써 있는 곳에 이 방법을 사용합니다. 바늘 땀이 비스듬히 흐릅니다.

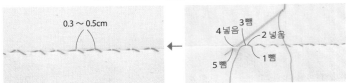
0.3 ~ 0.5cm
3 뺌
4 넣음
2 넣음
5 뺌
1 뺌

수직 공그르기

바늘 땀이 천에 대해서 직각이 되게 하는 공그르기입니다.

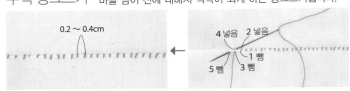
0.2 ~ 0.4cm
4 넣음
2 넣음
1 뺌
5 뺌
3 뺌

밑단 공그르기

자켓 등의 밑단을 올릴 때 사용합니다. 시접의 끝을 공그르는 방법입니다.

0.3 ~ 0.5cm
3 뺌
2 넣음
1 뺌
5 뺌
4 넣음
1 cm
시침실

3 시침실을 뽑으면 완성

2 천 끝을 접어 넣고 일반 공그르기를 합니다.

1 시침실로 반고정합니다.

ㄱ자 바느질

트여있는 시접과 맞출 때 공그르기 방법입니다. 주로 가방에 사용하는 공그르기입니다. ㄱ자를 그리듯 접는 산의 중간에 실을 통과시키며 봉합합니다.

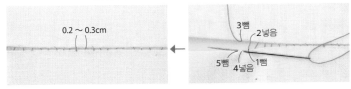
0.2 ~ 0.3cm
3 뺌
2 넣음
5 뺌
4 넣음
1 뺌

이번호의 작품소재로 사용하고 있는 보아·퍼 원단의 간단한 취급 방법을 소개하고자 합니다.

패턴 놓는 방법

털의 결방향을 확인하고 한 방향으로 패턴을 1장씩 놓습니다.

패턴 베끼는 방법

패턴에 시접을 두지 않고 접힘 부분은 모두 펼친 상태로 베낍니다.

표시하는 방법

표시를 끝낸 상태

시침실 한 올로 나란히 시침질 합니다.

원단의 자르는 방법

시접을 두고, 가위질을 할 때는 털이 잘려 나가지 않게 1장씩 천을 잘라갑니다.

봉합 방향

시침실 한 올로 나란히 봉합합니다.

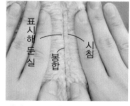

미싱으로 봉합하는 도중에 2장의 원단이 미끄러져 움직일 수 있기 때문에 반드시 시침실로 봉합합니다(시침질). 미싱을 원단의 털이 선 방향과 같은 방향으로 작동하면 봉합하기 쉽습니다.

다림질

다리미의 온도는 저온(80~120℃)에서 스팀다리미를 조금 띄운 상태로 다립니다.

봉합이 끝난 후

겉으로 뒤집어 함께 봉합한 털을 송곳으로 빼내어 솔기가 보이지 않게 합니다.

수축봉합(소매산을 만든다.)

일반 소매는 몸판의 소매둘레의 길이에 맞춰 수축봉합을 합니다.

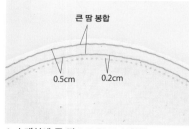

큰 땀 봉합
0.5cm　0.2cm

1 소매산에 큰 땀으로 두 줄 봉합합니다

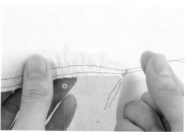

2 실을 당겨 몸판의 소매둘레 길이에 맞게 주름을 주어 줍니다.

소매 전용 다리미판

3 소매 다리미판에 소매산을 씌웁니다

4 시접을 스팀다리미로 누르면서 시접의 주름을 눌러줍니다.

5 소매산에 부푼 모양이 생긴 상태

시침핀으로 고정하는 방법

시침핀은 원단을 봉합하는 방향으로부터 직각으로 시접 쪽을 향해 꽂습니다. 봉합방향과 평행하게 꽂으면 2장의 천이 비틀어지기 쉽고 봉합할 때 방해가 됩니다.

✕ 평행이나 비스듬히 꽂으면 안됨　　○ 봉합방향 반대로 직각으로

되돌아박기

봉합 시작. 봉합 끝에 실이 풀리는 것을 방지하기 위해 같은 곳을 3~4바늘을 겹쳐 봉합하는 것을 말합니다.

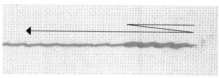

봉합 끝　　　봉합 시작

두 번 봉합

풀리기 쉬운 곳의 바늘 땀을 보강하기 위해 한 번 봉합한 봉합선에 겹쳐서 봉합하는 것입니다. 주로 밑아래선 봉합할 때 사용합니다.

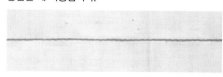

지그재그봉합 또는 오버록 통솔처리

시접의 재단 끝이 풀리지 않도록 하기 위한 처리입니다. 오버록과 같은 효과입니다.

모서리 봉합 방법

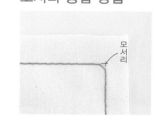

모서리

1 모서리를 깨끗이 뒤집기 위해 1땀 건너서 봉합을 시작합니다.

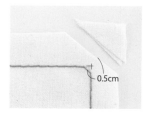

0.5cm

2 뒤집어서 깨끗한 모서리가 나오도록 여분의 시접은 자릅니다.

기본 소잉용품

ᅵ침실
ᅵ싱으로 봉합하기 전, 손
ᅡ느질로 가볍게 봉합하는
ᅡᅡ튼실. 한 줄로 사용.

고무줄&실끼우개
넓은 폭(15mm 이상)의
고무밴드를 끼워
부드럽게 통과시킵니다.

펜쵸크
간단한 펜 타입으로 휴대가
편리하고 쉽게 사용할 수
있습니다.

소매전용 다리미판(봉우마)
암홀이나 입체적인 곳을
다림질할 때 사용하는
아이론 매트의 일종

스팀다리미
재단된 원단을 봉합하기 전
준비할 때나, 봉합 후
선을 다듬을 때 사용

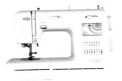

가정용 컴퓨터 미싱
(NCC 머신- 캔디)
보기 쉽고 사용하기 편리한 터치
패널로, 누구라도 간단하게 사용
할 수 있는 미싱입니다.

ᅵ단가위
ᅥ단을 자를 때 사용

패턴가위
패턴을 자를 때 사용

**단면
쵸크페이퍼**
원단이나 패턴을
베낄 때 사용. 베껴둔
선이 물로 지워지는
쵸크페이퍼

**양면
쵸크페이퍼**
원단에 표시할 때
사용. 베낀 선이
물로 지워지는
쵸크페이퍼

곡선자
소매둘레ᆞ칼라둘레선 등의
곡선을 그을 때 사용

그레이딩자
방안선이 그려져 있으므로
사이즈가 적힌 직선이나 시접을
그릴 때 편리한 자

쪽가위
실을 자르거나 가위집을
ᆯ을 때 사용

손바늘(원터치)
원터치로 실을 끼울 수 있는
손바늘 세트

시침핀
패턴을 원단에 고정시키
거나 원단끼리 고정시킬
때 사용하는 핀

송곳
모서리를 정리하고 봉합 시
원단을 밀어주거나, 실을
뜯을 때 사용

실뜯게(리퍼)
잘못 봉합한 솔기를 뜯거나,
단추구멍을 벌릴 때 사용

소프트 룰렛
원단에 쵸크페이퍼로
표시를 할 때 사용

완성 사이즈 표시에 대하여

이 책에 게재되어 있는 작품(옷)의 완성 사이즈는 아래 그림의 사이즈 재는 방법에 따른 표시입니다.

소매길이 ᆞᆞᆞ 어깨 끝부터 소맷부리까지의 길이.
화장길이 ᆞᆞᆞ 뒷목점부터 소맷부리까지의 길이.
스커트길이 ᆞᆞᆞ 허리부터 스커트 밑단까지의 길이.
팬츠길이 ᆞᆞᆞ 허리부터 바짓부리까지의 길이.

원피스ᆞ셔츠ᆞ판초 길이 ᆞᆞᆞ 칼라둘레와 어깨선의 맞춤점부터 뒷 밑단까지의 길이.
※ 캐미솔 원피스의 경우에는 뒤 칼라둘레부터 뒷 밑단까지의 길이.

가슴둘레 ᆞᆞᆞ 소매둘레 아래의 앞과 뒤 둘레를 한바퀴 잰 길이.

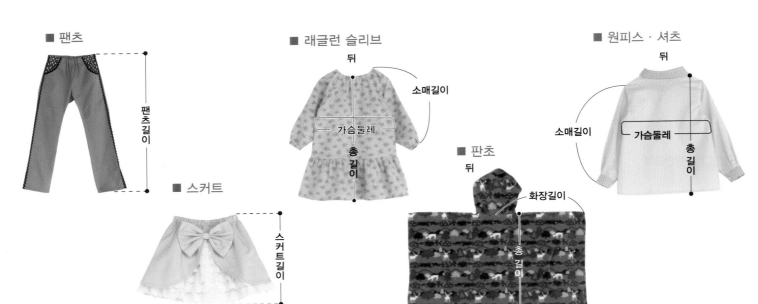

■ 팬츠 — 팬츠길이

■ 스커트 — 스커트길이

■ 래글런 슬리브 — 뒤 / 소매길이 / 가슴둘레 / 총 길이

■ 판초 — 뒤 / 화장길이 / 총 길이

■ 원피스ᆞ셔츠 — 뒤 / 소매길이 / 가슴둘레 / 총 길이

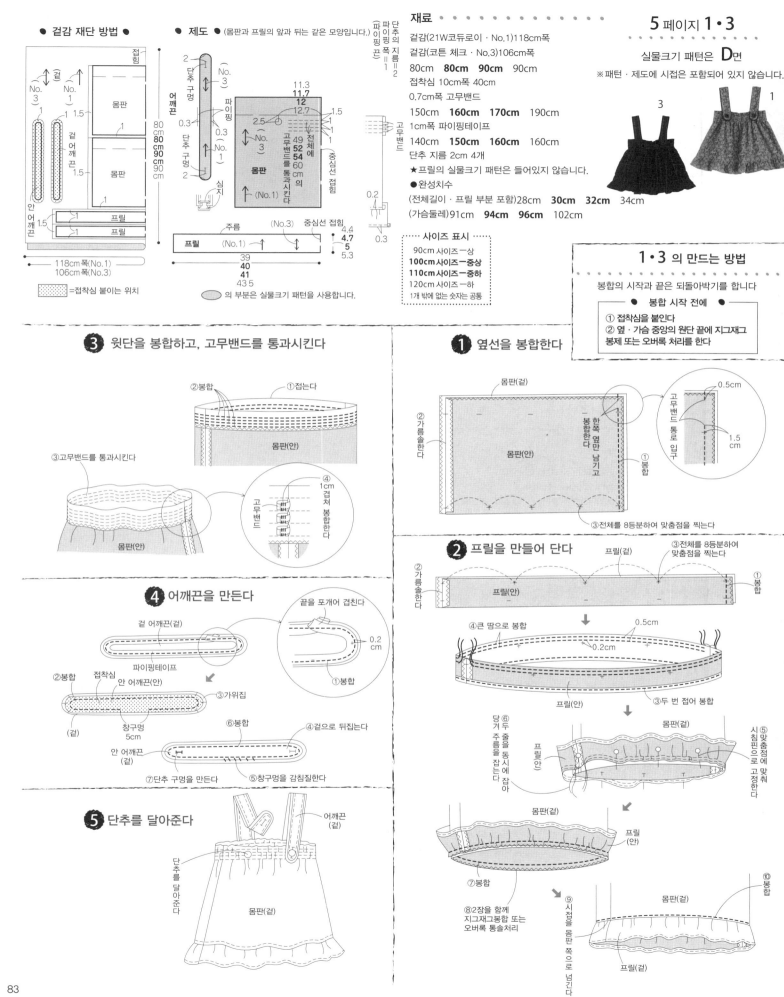

● 겉감 재단 방법 ●

● 제도 ● (몸판과 프릴의 앞과 뒤는 같은 모양입니다.)

재료

겉감(21W코듀로이 · No.1)118cm폭
겉감(코튼 체크 · No.3)106cm폭
80cm **80cm 90cm** 90cm
접착심 10cm폭 40cm
0.7cm폭 고무밴드
150cm **160cm 170cm** 190cm
1cm폭 파이핑테이프
140cm **150cm 160cm** 160cm
단추 지름 2cm 4개
★프릴의 실물크기 패턴은 들어있지 않습니다.
● 완성치수
(전체길이 · 프릴 부분 포함)28cm **30cm 32cm** 34cm
(가슴둘레)91cm **94cm 96cm** 102cm

· · · · · 사이즈 표시 · · · · ·
90cm 사이즈ー상
100cm 사이즈ー중상
110cm 사이즈ー중하
120cm 사이즈ー하
1개 밖에 없는 숫자는 공통

5 페이지 1·3

실물크기 패턴은 D면

※패턴 · 제도에 시접은 포함되어 있지 않습니다.

1·3 의 만드는 방법

봉합의 시작과 끝은 되돌아박기를 합니다

━ ● 봉합 시작 전에 ● ━
① 접착심을 붙인다
② 옆 · 가슴 중앙의 원단 끝에 지그재그 봉제 또는 오버록 처리를 한다

❸ 윗단을 봉합하고, 고무밴드를 통과시킨다

❹ 어깨끈을 만든다

❺ 단추를 달아준다

❶ 옆선을 봉합한다

❷ 프릴을 만들어 단다

● No.13 겉감 재단 방법 ●

소매
접힘
뒤
1.5
뒤
100
cm
110
cm
110
cm
120
cm
걸
앞
1.5
1
85cm 폭

ⁱ 사이즈 표시 ⁱ
90cm 사이즈—상
100cm 사이즈—중상
110cm 사이즈—중하
120cm 사이즈—하
1개 밖에 없는 숫자는 공통

의 부분은 실물크기 패턴을 사용합니다.

재료 ● ● ● ● ● ● ● ● ● ●

겉감(자카드 니트 · No.13)85cm폭
100cm **110cm 110cm** 120cm
겉감(20W거즈 기모 · No.14)108cm폭
70cm **70cm 70cm** 80cm
0.7cm폭 고무밴드
45cm **45cm 45cm** 50cm
2cm폭 아크릴 울 레이스
140cm **150cm 150cm** 160cm
1.27cm폭 바이어스테이프
90cm **90cm 100cm** 100cm
장식 단추 지름 1.2cm 3개(No.13)
모티브 와펜 1장(No.14)
네임 라벨 1장(No.14)

● 완성치수
(전체길이) 39cm **42cm 45cm** 48cm
(소매길이) 12.7cm **13.3cm 13.8cm** 14.8cm
(가슴둘레) 71cm **74cm 76cm** 82cm

7 페이지 13·14

실물크기 패턴은 D 면

※ 패턴 · 제도에 시접은 포함되어 있지 않습니다.

13

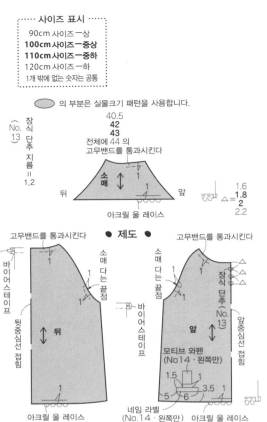

14

장식 단추 지름=1.2 (No. 13)

40.5
42
43
전체에 44 의 고무밴드를 통과시킨다

소매

뒤 앞
아크릴 울 레이스

1.6
△=**1.8**
2
2.2

● 제도 ●

고무밴드를 통과시킨다
소매 다는 끝점
뒤
아크릴 울 레이스

고무밴드를 통과시킨다
소매 다는 끝점
장식 단추(No·13)
앞
모티브 와펜(No14·왼쪽만)
1.5
5 6 3.5
네임 라벨(No.14·왼쪽만)
아크릴 울 레이스

● No.14 겉감 재단 방법 ●

108cm 폭
소매 접힘
접힘
접힘
뒤 1.5 걸 앞
천을 자르고 다시 접는다
108cm 폭

70 cm **70 cm 70 cm** 80 cm

재료 ●

겉감(울 도비 · No.11)148cm폭
90cm **100cm 100cm** 110cm
겉감(20W기모 더블거즈 · No.12)108cm폭
130cm **140cm 150cm** 160cm
0.7cm폭 고무밴드 80cm
1.27cm폭 바이어스테이프 70cm
0.3cm폭 벨벳 리본 20cm(No.11)
장식 단추 지름 1.2cm 3개(No.12)

● 완성치수
(전체길이 · 프릴 부분 포함) 49cm **54cm 59cm** 64cm
(소매길이) 36.3cm **39.4cm 44.5cm** 48.6cm
(가슴둘레) 71cm **74cm 76cm** 82cm

의 부분은 실물크기 패턴을 사용합니다.

● No.11 겉감 재단 방법 ●

접힘 걸 접힘
1 1
앞 1.5
1.5 소매 1.5
뒤 1.5

130 cm **140 cm 150 cm** 160 cm

프릴 밑단 3
프릴 밑단 3

148cm 폭

● No.12 겉감 재단 방법 ●

108cm 폭
접힘 걸 접힘
1 1
뒤 1.5 앞 1.5
천을 자르고 다시 접는다
소매
1.5 1.5
프릴 밑단 3
프릴 밑단 3
108cm 폭

7 페이지 11·12

소매는 D 면

소매 이외의 실물크기 패턴은 D 면
13·14번을 베끼고, 제도를 보며 수정합니다.

※ 패턴 · 제도에 시접은 포함되어 있지 않습니다.

11

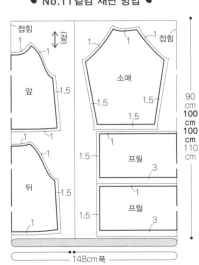

12

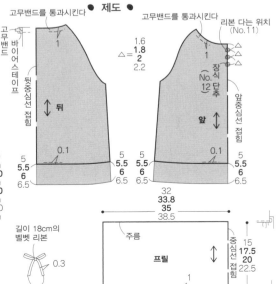

40.5
42
43
전체에 44의 고무밴드를 통과시킨다

장식 단추 지름=1.2 (No. 12)

뒤 앞
소매
14
14
15
15 cm 의 고무밴드를 통과시킨다

고무밴드를 통과시킨다
● 제도 ●
고무밴드를 통과시킨다

리본 다는 위치 (No.11)

바이어스테이프
1.6
△ **1.8**
2
2.2

뒤
5 0.1
5 **5.5** 6 6.5

장식 단추(No.12)
앞
5 5.5 6 6.5 0.1 5 **5.5** 6 6.5

32
33.8
35
38.5

길이 18cm의 벨벳 리본
0.3
비스듬히 자른다
리본 (No.11)

주름
프릴
중심선 접힘
15 **17.5 20** 22.5

(프릴의 앞 뒤는 같은 모양입니다)

◀ 사이즈 표시 ▶
90cm 사이즈—상
100cm 사이즈—중상
110cm 사이즈—중하
120cm 사이즈—하
1개 밖에 없는 숫자는 공통

⑤ 프릴을 달아준다 (No.11·12)

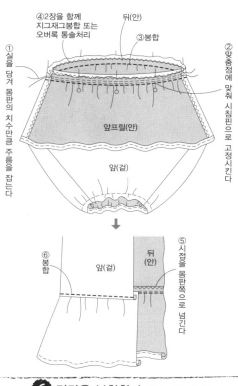

④2장을 함께 지그재그봉합 또는 오버록 통솔처리
③봉합
뒤(안)
①실을 당겨 몸판의 치수만큼 주름을 잡는다
②맞춤점에 맞춰 시침핀으로 고정시킨다
앞프릴(안)
앞(겉)

⑥봉합
앞(겉)
뒤(안)
⑤시접을 몸판쪽으로 넘긴다

⑥ 밑단을 봉합한다 (No.13·14)

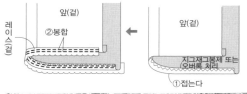

앞(겉)
②봉합
레이스(겉)
앞(겉)
①접는다
지그재그봉제 또는 (오버록 처리)

⑦ 고무밴드를 통과시킨다 (No.11·12)
리본 (No.11)장식 단추(No.12·13)를 달아준다

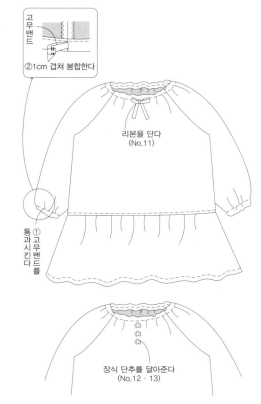

고무밴드
②1cm 겹쳐 봉합한다
리본을 단다 (No.11)
①통과시킨다 고무밴드를
장식 단추를 달아준다 (No.12·13)

소매(안)
뒤(겉)
뒤(겉)
소매(안)
⑦바이어스테이프를 몸판의 안쪽으로 접는다
⑤접는다
⑥봉합
바이어스테이프(안)
앞(안)
1cm 포갠다
⑧봉합

❸ 옷깃둘레를 봉합하고, 고무밴드를 통과시킨다

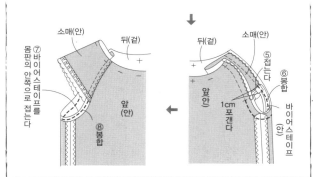

②바이어스테이프를 맞대어 준다 (고무밴드 통로 입구)
바이어스테이프(안)
③봉합
바이어스테이프(안)
①접는다 1cm 1cm ①접는다
소매(겉) 앞(겉)
④시접을 0.5cm로 자름
뒤(안)
③봉합
소매(겉)
앞(겉)
바이어스테이프(안)

⑤바이어스테이프를 몸판 안쪽으로 접는다
⑥봉합
⑦고무밴드를 통과시킨다
고무밴드
앞(안)
앞(안)
고무밴드 통로 입구
1cm
⑧고무밴드를 포개어 겹쳐 봉합한다

❹ 프릴을 만든다 (No.11·12)

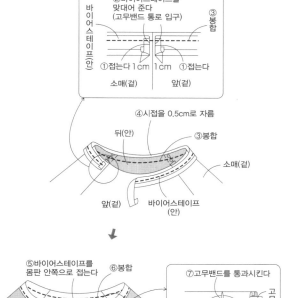

뒤프릴(겉)
②가름솔한다
③8등분하여 표시점을 찍는다
0.5cm 0.2cm
④큰 땀으로 봉합
①봉합
앞프릴(안)

앞프릴(안)
⑤두 번 접어 봉합

1.5cm
1cm

11～14의 만드는 방법

봉합의 시작과 끝은 되돌아박기를 합니다
● 봉합 시작 전에 ●
옆 · 소매 아래 · 소맷부리의 원단 끝에 지그재그봉제 또는 오버록 처리를 한다

❶ 옆선을 봉합한다

뒤(겉)
②가름솔한다
앞(안)
①봉합

❷ 소매를 만들어 달아준다 (No.11·12)

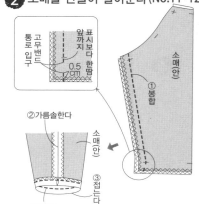

통로입구 고무밴드
앞 표시까지보다 한 땀 0.5cm
소매(안)
①봉합
②가름솔한다
소매(안)
③접는다
④봉합

뒤(겉)
소매(안)
⑧시접을 소매쪽으로 넘긴다
⑥봉합
⑦2장을 함께 지그재그봉합 또는 오버록 통솔처리
앞(안)
겉 안쪽으로 뒤집은 소매를 몸판에 집어넣는다

❷ 소매를 만들어 달아준다 (No.13·14)

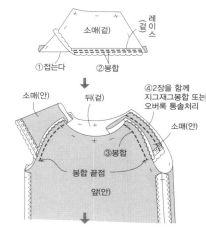

소매(겉)
레이스(겉)
①접는다
②봉합

소매(안)
뒤(겉)
④2장을 함께 지그재그봉합 또는 오버록 통솔처리
소매(안)
③봉합
봉합 끝점
앞(안)

85

● 겉감 재단 방법 ●

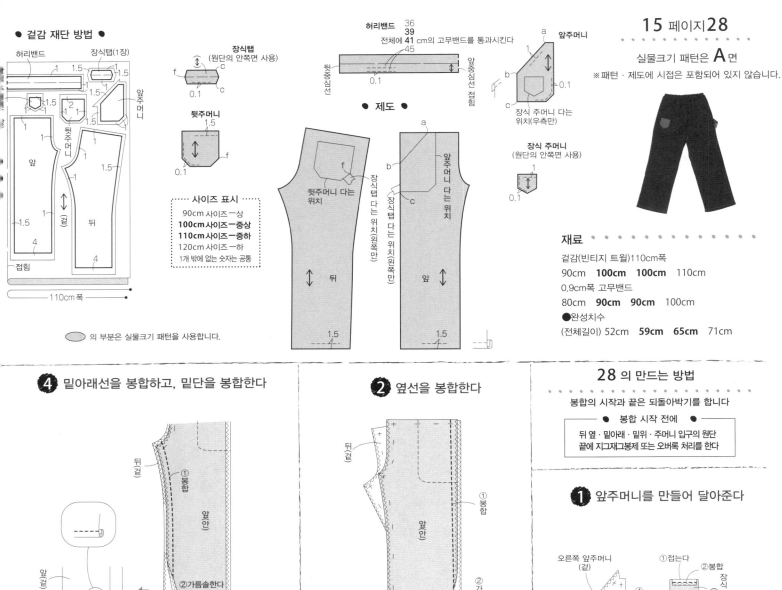

허리밴드

장식탭(1장)

앞주머니

뒷주머니

앞

뒤

겉

접힘

110cm 폭

장식탭
(원단의 안쪽면 사용)

뒷주머니

허리밴드
36
39
전체에 41 cm의 고무밴드를 통과시킨다
45
0.1
뒷중심선
앞중심선 접힘

● 제도 ●

a

뒷주머니 다는 위치

장식탭 다는 위치(왼쪽만)

장식탭 다는 위치(왼쪽만)

뒤

1.5

b

앞주머니 다는 위치(왼쪽만)

앞

1.5

앞주머니

a
b
c
장식 주머니 다는 위치(우측만)

장식 주머니
(원단의 안쪽면 사용)

0.1

실물크기 패턴은 **A**면

※패턴 · 제도에 시접은 포함되어 있지 않습니다.

사이즈 표시

90cm 사이즈一상
100cm 사이즈一중상
110cm 사이즈一중하
120cm 사이즈 一하
1개 밖에 없는 숫자는 공통

의 부분은 실물크기 패턴을 사용합니다.

재료

겉감(빈티지 트윌)110cm폭

90cm **100cm** **100cm** 110cm

0.9cm폭 고무밴드

80cm **90cm** **90cm** 100cm

●완성치수

(전체길이) 52cm **59cm** **65cm** 71cm

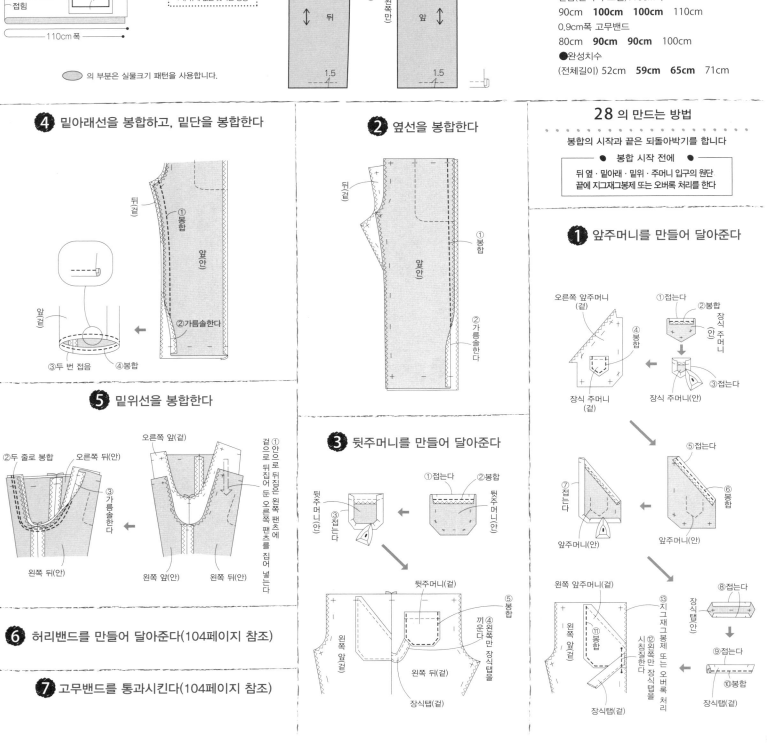

④ 밑아래선을 봉합하고, 밑단을 봉합한다

⑤ 밑위선을 봉합한다

⑥ 허리밴드를 만들어 달아준다(104페이지 참조)

⑦ 고무밴드를 통과시킨다(104페이지 참조)

② 옆선을 봉합한다

28 의 만드는 방법

봉합의 시작과 끝은 되돌아박기를 합니다

● 봉합 시작 전에 ●

뒤 옆 · 밑아래 · 밑위 · 주머니 입구의 원단 끝에 지그재그봉제 또는 오버록 처리를 한다

① 앞주머니를 만들어 달아준다

③ 뒷주머니를 만들어 달아준다

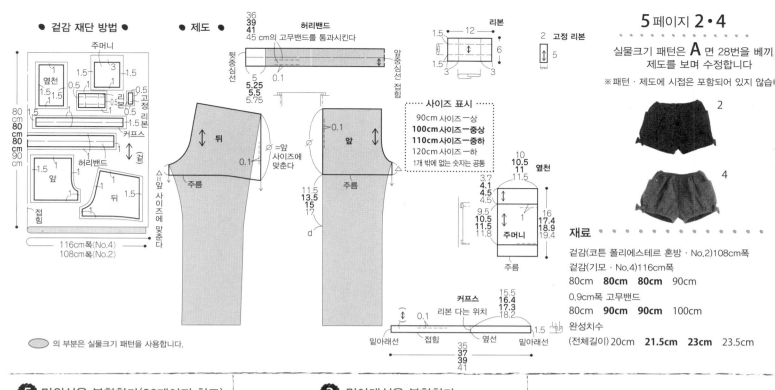

● 겉감 재단 방법 ●

주머니
옆천
리본
고정 리본
커프스
허리밴드
앞
뒤
접힘
80 cm / 80cm / 80cm / 90cm

116cm폭(No.4)
108cm폭(No.2)

의 부분은 실물크기 패턴을 사용합니다.

● 제도 ●

36 / **39** / **41** / 45 cm의 고무밴드를 통과시킨다

허리밴드
뒷중심선
앞중심선 접힘
0.1
5 / **5.25** / **5.5** / 5.75

뒤
주름
∅ =앞 사이즈에 맞춘다
0.1
앞 사이즈에 맞춘다

앞
주름
0.1
11.5 / **13.5** / **15** / 17
d

리본
1.5 — 12
6
1.5 — 3 — 3

고정 리본
5

10 / **10.5** / **11**
옆천
11.5
3.7 / **4.1** / **4.5** / 4.5
9.5 / **10.5** / **11.5** / 11.8
16 / **17.4** / **18.9** / 19.4
주머니
주름

사이즈 표시
90cm 사이즈—상
100cm 사이즈—중상
110cm 사이즈—중하
120cm 사이즈—하
1개 밖에 없는 숫자는 공통

커프스
15.5 / **16.4** / **17.3** / 18.2
0.1
리본 다는 위치
접힘
옆선
1.5
밑아래선 — 밑아래선
35 / **37** / **39** / 41

5 페이지 2 · 4

실물크기 패턴은 **A** 면 28번을 베끼
제도를 보며 수정합니다

※패턴 · 제도에 시접은 포함되어 있지 않습

2

4

재료

겉감(코튼 폴리에스테르 혼방 · No.2)108cm폭
겉감(기모 · No.4)116cm폭
80cm / **80cm** / **80cm** / 90cm
0.9cm폭 고무밴드
80cm / **90cm** / **90cm** / 100cm
완성치수
(전체길이) 20cm / **21.5cm** / **23cm** / 23.5cm

---

5 밑위선을 봉합한다(86페이지 참조)

6 허리밴드를 만들어 달아준다
(104페이지 참조)

7 고무밴드를 통과시킨다
(104페이지 참조)

8 리본을 만들어 달아준다

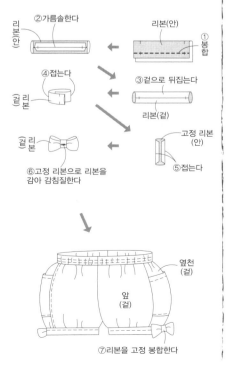

②가름솔한다
리본(안)
①봉합
리본(안)
④접는다
겉 리본
③겉으로 뒤집는다
리본(겉)
겉 리본
고정 리본(안)
⑤접는다
⑥고정 리본으로 리본을 감아 감침질한다

옆천(겉)
앞(겉)
⑦리본을 고정 봉합한다

3 밑아래선을 봉합한다

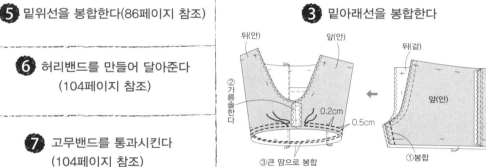

뒤(안)
앞(안)
뒤(겉)
②가름솔한다
0.2cm
0.5cm
①봉합
③큰 땀으로 봉합
앞(안)

4 커프스를 만들어 달아준다

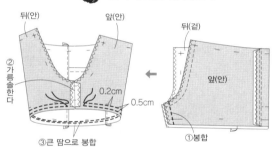
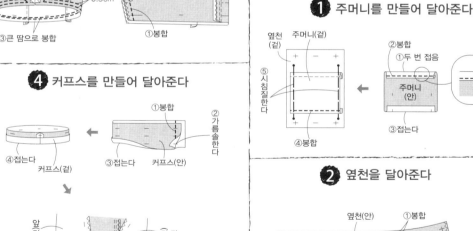

①봉합
②가름솔한다
④접는다
③접는다
커프스(겉)
커프스(안)
앞(겉)
안 커프스
겉 뒤
커프스 겉
⑥봉합
⑤실을 당겨 커프스의 사이즈만큼 주름을 잡는다
앞(겉)
뒤(겉)
⑦안으로 접어 넣는 커프스
⑧봉합
커프스(겉)

2 · 4 의 만드는 방법

봉합의 시작과 끝은 되돌아박기를 합니다

● 봉합 시작전에 ●

밑아래 · 밑위 원단 끝에 지그재그봉제 또는 오버록 처리를 한다

1 주머니를 만들어 달아준다

옆천(겉)
주머니(겉)
②봉합
①두 번 접음
⑤시침질한다
주머니(안)
③접는다
④봉합

2 옆천을 달아준다

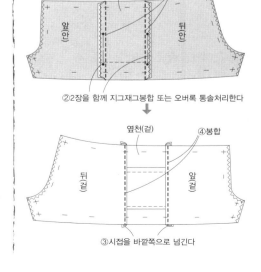

옆천(안)
①봉합
앞안
뒤안
②2장을 함께 지그재그봉합 또는 오버록 통솔처리한다
옆천(겉)
④봉합
뒤 겉
앞 겉
③시접을 바깥쪽으로 넘긴다

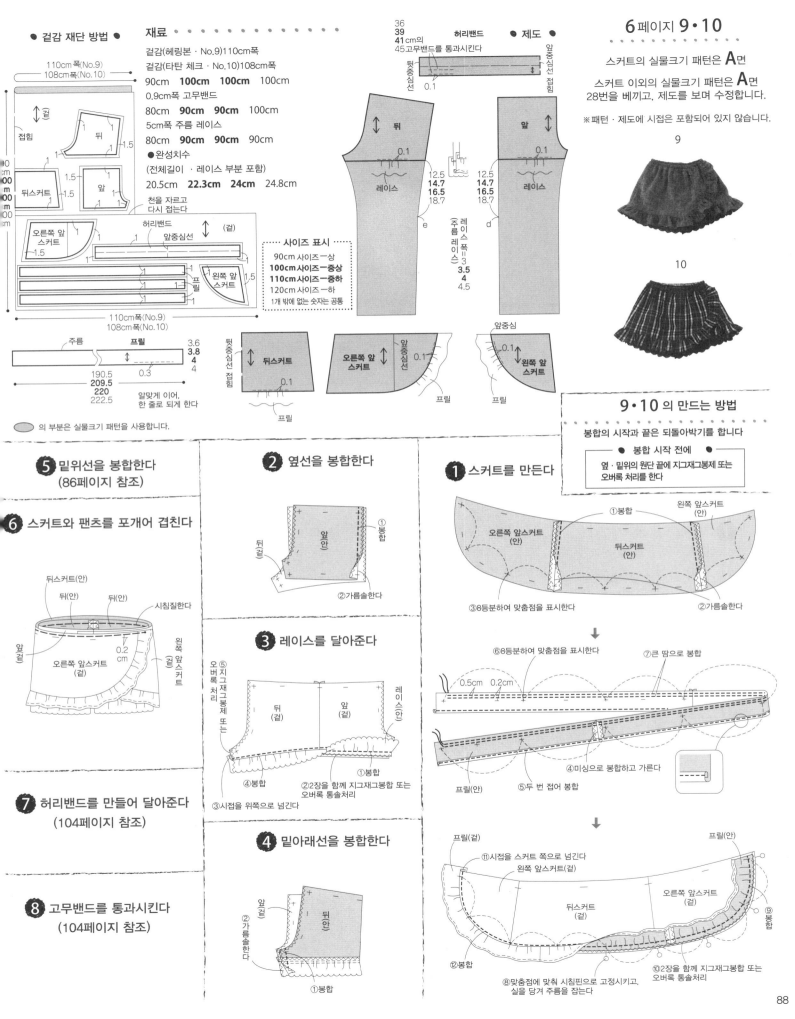

● 겉감 재단 방법 ●

110cm 폭(No.9)
108cm폭(No.10)

접힘

겉

뒤

1.5

뒤스커트 1.5

1

1

앞

1.5

천을 자르고
다시 접는다

오른쪽 앞
스커트
1.5

허리밴드
앞중심선 (겉)

프릴

왼쪽 앞
스커트
1.5

1

1

110cm폭(No.9)
108cm폭(No.10)

주름

프릴 3.6
3.8
4
4

190.5
209.5
220
222.5

0.3

알맞게 이어,
한 줄로 되게 한다

의 부분은 실물크기 패턴을 사용합니다.

● 재료 ●

겉감(헤링본·No.9)110cm폭
겉감(타탄 체크·No.10)108cm폭
90cm **100cm** **100cm** 100cm
0.9cm폭 고무밴드
80cm **90cm** **90cm** 100cm
5cm폭 주름 레이스
80cm **90cm** **90cm** 90cm
● 완성치수
(전체길이·레이스 부분 포함)
20.5cm **22.3cm** **24cm** 24.8cm

사이즈 표시

90cm 사이즈―상
100cm 사이즈―중상
110cm 사이즈―중하
120cm 사이즈―하
1개 밖에 없는 숫자는 공통

36
39
41cm의
45고무밴드를 통과시킨다

허리밴드

뒷중심선 접힘

앞중심선 접힘

0.1

● 제도 ●

뒤

0.1

레이스

12.5
14.7
16.5
18.7

e

앞

0.1

레이스

12.5
14.7
16.5
18.7

d

(주름레이스)
레이스폭=3
3.5
4
4.5

앞중심

오른쪽 앞
스커트

0.1

앞중심선

뒤스커트

뒷중심선 접힘

0.1

프릴

앞중심

왼쪽 앞
스커트

0.1

프릴

9·10 의 만드는 방법

봉합의 시작과 끝은 되돌아박기를 합니다

● 봉합 시작 전에 ●
옆·밑위의 원단 끝에 지그재그봉제 또는
오버록 처리를 한다

⑤ 밑위선을 봉합한다
(86페이지 참조)

⑥ 스커트와 팬츠를 포개어 겹친다

뒤스커트(안)

뒤(안)

뒤(안)

시침질한다

앞(겉)

0.2

오른쪽 앞스커트
(겉)

왼쪽 앞
스커트
(겉)

⑦ 허리밴드를 만들어 달아준다
(104페이지 참조)

⑧ 고무밴드를 통과시킨다
(104페이지 참조)

② 옆선을 봉합한다

앞(안)

①봉합

뒤(겉)

②가름솔한다

③ 레이스를 달아준다

⑤지그재그봉제 또는 오버록처리

뒤(겉)

앞(겉)

레이스(안)

①봉합

②2장을 함께 지그재그봉합 또는
오버록 통솔처리

③시접을 위쪽으로 넘긴다

④봉합

④ 밑아래선을 봉합한다

앞(겉)

뒤(안)

②가름솔한다

①봉합

① 스커트를 만든다

오른쪽 앞스커트
(안)

①봉합

왼쪽 앞스커트
(안)

뒤스커트
(안)

③8등분하여 맞춤점을 표시한다

②가름솔한다

⑥8등분하여 맞춤점을 표시한다

⑦큰 땀으로 봉합

0.5cm 0.2cm

④미싱으로 봉합하고 가른다

프릴(안)

⑤두 번 접어 봉합

프릴(겉)

⑪시접을 스커트 쪽으로 넘긴다

왼쪽 앞스커트(겉)

프릴(안)

오른쪽 앞스커트
(겉)

뒤스커트
(겉)

⑨봉합

⑫봉합

⑧맞춤점에 맞춰 시침핀으로 고정시키고,
실을 당겨 주름을 잡는다

⑩2장을 함께 지그재그봉합 또는
오버록 통솔처리

88

◆ **No.6 배색천 재단 방법** ◆

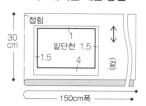

접힘
30cm
밑단천 1.5
1.5   4
(겉)
150cm폭

● **재료** ● ● ● ● ● ● ●

겉감(울 블랙와치 · No.6)108cm폭
80cm **90cm 90cm** 100cm
겉감(기모 더블거즈 · No.8)140cm
80cm **90cm 90cm** 100cm
배색천(자카드 니트 · No.6)150cm폭 30cm
0.9cm폭 고무밴드
80cm **90cm 90cm** 100cm
1.27cm폭 바이어스테이프 40cm

● **완성치수**
(전체길이) 52cm **59cm 65cm** 71cm

◆ **No.8 겉감 재단 방법** ◆

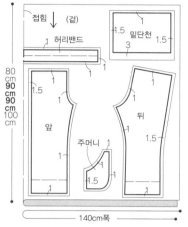

접힘 ↓ (겉)
1 허리밴드
1.5 밑단천 1.5
3
1.5
80cm
90cm
80cm
90cm
100cm
1.5
앞
1
주머니
1.5
1.5
뒤
1.5
140cm폭

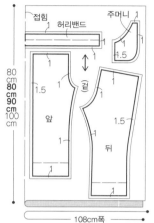

접힘
1 허리밴드   주머니 1
1.5
(겉)
80cm
80cm
90cm
90cm
100cm
1.5
앞
1
뒤
1
1
108cm폭

● **No. 6 겉감 재단 방법** ●

● **제도** ●

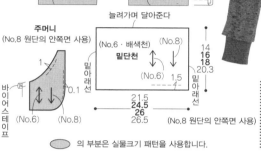

36
39
전체에 **41cm**의 고무밴드를 통과시킨다
45
허리밴드   (No.8)   (No.6)
뒷중심선   앞중심선 접힘
0.1

7
7.5
8
8
8
8.5
9
9
뒤 (No.6)
↕
(No.8)
(No.8)   주머니 다는 위치
앞 (No.8)
↓
(No.6)
4.6
5.4
6
6.8   밑단천 다는 위치
4.6
5.4
6
6.8   밑단천 다는 위치
9.4
10.6
12
13.5
9.4
10.6
12
13.5

늘려가며 달아준다

주머니
(No.8 원단의 안쪽면 사용)
(No.6 · 배색천)   (No.8)
밑단천
(No.6)   1.5
밑아래선
밑아래선
0.1
1
21.5
24.5
26
26.5
14
16
18
20.3
(No.8 원단의 안쪽면 사용)

바이어스테이프
(No.6)   (No.8)

의 부분은 실물크기 패턴을 사용합니다.

5 페이지6·8

주머니의 실물크기 패턴은 **A**면

주머니 이외의 실물크기 패턴은
A면 28번을 베끼고,
제도를 보며 수정합니다.

※패턴 · 제도에 시접은 포함되어 있지 않습니다

6

8

● **사이즈 표시** ●
90cm 사이즈 – 상
100cm 사이즈 – 중상
110cm 사이즈 – 중하
120cm 사이즈 – 하
1개 밖에 없는 숫자는 공통

---

④ **밑아래선을 봉합한다**

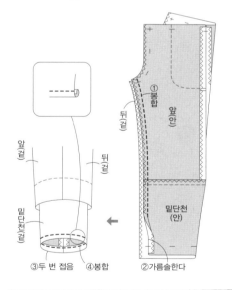

앞겉
뒤겉
밑단천(겉)
③두 번 접음   ④봉합
뒤겉
앞(안)
①봉합
밑단천(안)
②가름솔한다

② **옆선을 봉합한다**

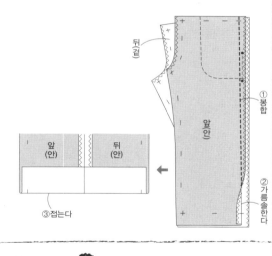

뒤겉
앞(안)
①봉합
②가름솔한다

앞(안)   뒤(안)
③접는다

③ **밑단천을 달아준다**

④ 3장을 함께 지그재그봉합 또는 오버록 통솔처리
앞안   뒤안
② 2장을 함께 봉합 또는 오버록 통솔처리
③시침질한다
①밑단천을 늘려가며 봉합
밑단천(안)

⑤ **밑위선을 봉합한다(86페이지 참조)**

⑥ **허리밴드를 만들어 달아준다**
(104페이지 참조)

⑦ **고무밴드를 통과시킨다**
(104페이지 참조)

6·8 의 만드는 방법

봉합의 시작과 끝은 되돌아박기를 합니다
● **봉합 시작 전에** ●
뒤 옆 · 밑위의 원단 끝에 지그재그
봉제 또는 오버록 처리를 한다

① **주머니를 만들어 달아준다**

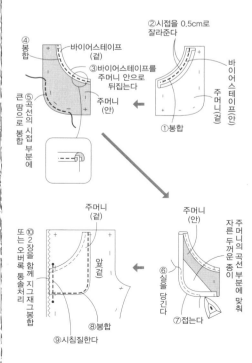

④봉합   바이어스테이프(겉)
②시접을 0.5cm로 잘라준다
③바이어스테이프를 주머니 안으로 뒤집는다
바이어스테이프(안)
주머니(안)
⑤큰 땀으로 봉합
큰 곡선의 시접 부분에
주머니(겉)
①봉합

주머니(겉)
⑩2장을 함께 지그재그봉합 또는 오버록 통솔처리
앞겉
⑧봉합
⑨시침질한다

주머니(안)
주머니의 곡선 부분에 맞추어
자른 두꺼운 종이
⑥실을 당긴다
⑦접는다

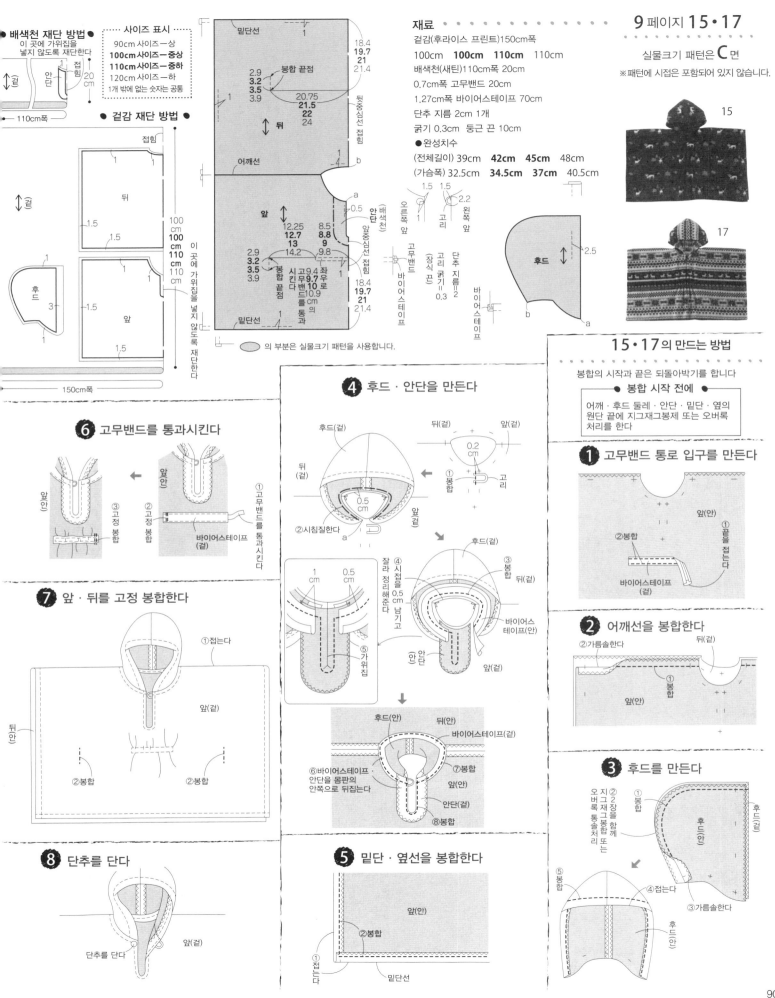

● 배색천 재단 방법
이 곳에 가위집을 넣지 않도록 재단한다

● 겉감 재단 방법

■ 사이즈 표시
90cm 사이즈—상
100cm 사이즈—중상
110cm 사이즈—중하
120cm 사이즈—하
1개 밖에 없는 숫자는 공통

재료 • • • • • • • • • •
겉감(후라이스 프린트)150cm폭
100cm **100cm** **110cm** 110cm
배색천(새틴)110cm폭 20cm
0.7cm폭 고무밴드 20cm
1.27cm폭 바이어스테이프 70cm
단추 지름 2cm 1개
굵기 0.3cm 둥근 끈 10cm
● 완성치수
(전체길이) 39cm **42cm** **45cm** 48cm
(가슴폭) 32.5cm **34.5cm** **37cm** 40.5cm

실물크기 패턴은 **C** 면
※패턴에 시접은 포함되어 있지 않습니다.

15
17

의 부분은 실물크기 패턴을 사용합니다.

15·17의 만드는 방법
봉합의 시작과 끝은 되돌아박기를 합니다
● 봉합 시작 전에 ●
어깨·후드 둘레·안단·밑단·옆의 원단 끝에 지그재그봉제 또는 오버록 처리를 한다

❶ 고무밴드 통로 입구를 만든다

❷ 어깨선을 봉합한다

❸ 후드를 만든다

❹ 후드·안단을 만든다

❺ 밑단·옆선을 봉합한다

❻ 고무밴드를 통과시킨다

❼ 앞·뒤를 고정 봉합한다

❽ 단추를 단다

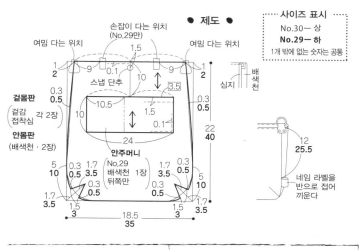

● 제도 ●

사이즈 표시
No.30— 상
No.29— 하
1개 밖에 없는 숫자는 공통

여밈 다는 위치
손잡이 다는 위치 (No.29만)
여밈 다는 위치
배색천 심지

겉몸판 (겉감 접착심) 각 2장
안몸판 (배색천 · 2장)

안주머니 No.29 배색천 뒤쪽만 1장

스냅 단추

네임 라벨을 반으로 접어 끼운다

재료 ● ● ● ● ● ● ● ●

겉감(울 혼방 양면 보더 · No.30)
50cm 폭 30cm
겉감(울 새기 기모 · No.29)
80cm 폭 50cm
배색천(비엘라(울 · 코튼 혼방) · No.30)
50cm 폭 30cm
배색천(코튼리넨 기모 · No.29)
100cm폭 50cm
접착심
50cm 폭 30cm **80cm 폭 50cm**
네임 라벨 1장
스냅 단추 1쌍
2.5cm폭 합성 피혁 손잡이 · 숄더 타입
약 80~140cm 1개
1.5cm폭 합성 피혁 손잡이 · 손가방 타입
약 28cm 2개(No.29만)
약 3.8cm×3.8cm의 합성 피혁 부속품 2개
●완성치수
세로 22cm **40cm** × 가로 18.5cm **35cm**

15페이지 29·30

실물크기 패턴은 들어있지 않습니다.

※패턴 · 제도에 시접은 포함되어 있지 않습니다.
□둘레의 숫자는 시접입니다. 지정되지 않은
곳은 모두 1cm의 시접을 더해 재단합니다.

30   29

29·30의 만드는 방법

봉합의 시작과 끝은 되돌아박기를 합니다

● 봉합 시작 전에 ●
접착심을 붙인다

❶ 주머니를 만들어 달아준다
(No.29만)

①두 번 접어 봉합
안주머니 (안)

②접는다   ②접는다
안주머니 (안)
③접는다

안몸판(겉)
⑤봉합   안주머니 (겉)
④봉합

❷ 다트를 봉합한다
(안몸판도 같은 모양)

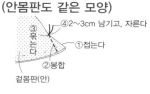

④2~3cm 남기고, 자른다
③묶는다   ①접는다
②봉합
겉몸판(안)

프레스 볼

겉몸판(안)

⑤위쪽으로 넘긴다
(안몸판천은 아래쪽으로 넘긴다)

❸ 겉몸판의 옆선 · 바닥선을 봉합한다

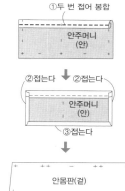

②가름솔을 한다
겉몸판 (안)
①봉합
네임 라벨을 반으로 접어 끼운다

❹ 안몸판천의 옆선 · 바닥선을 봉합한다

②가름솔을 한다
안몸판(안)
①봉합
창구멍을 약 15cm 남기고 봉합한다

❺ 입구를 봉합한다

①겉몸판과 안몸판을 포갠다
겉몸판(안)
②봉합
안몸판(안)

❽ 숄더끈을 달아준다

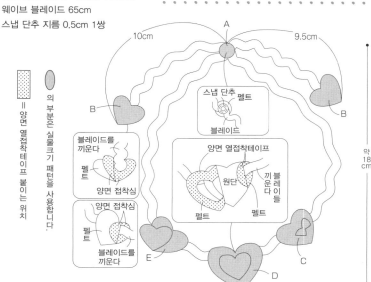

숄더 손잡이
겉몸판(겉)

❻ 창구멍을 감침질한다

겉몸판(겉)
③봉합
안몸판(겉)
①창구멍을 통해 겉으로 뒤집는다
②창구멍을 막는다

❼ 여밈 · 손잡이 · 스냅 단추를 달아준다

①여밈을 달아준다
②손잡이를 달아준다 (No.29만)
③스냅 단추를 달아준다
겉몸판(겉)

재료 ● ● ● ● ● ● ●

펠트
레드 · 핑크 · 옐로 · 스카이(No.164) 각 10cm×10cm
블루 · 스카이 · 핑크 · 옐로우(No.165) 각 10cm×10cm ※패턴에 시접은 포함되어 있지 않습니다.
자투리천 5cm폭 5cm
양면 열접착테이프 20cm폭 20cm
웨이브 블레이드 65cm
스냅 단추 지름 0.5cm 1쌍

67페이지 164·165

실물크기 패턴은 **C**면

164·165의 만드는 방법

A
10cm   9.5cm
B   B
스냅 단추   펠트
블레이드
블레이드를 끼운다
펠트
양면 접착심
양면 열접착테이프
원단
끼운다 블레이드
펠트   펠트
양면 접착심
펠트
블레이드를 끼운다
E   C
D
약 14cm
약 18cm

= 양면 열접착테이프 붙이는 위치
의 부분은 실물크기 패턴을 사용합니다.

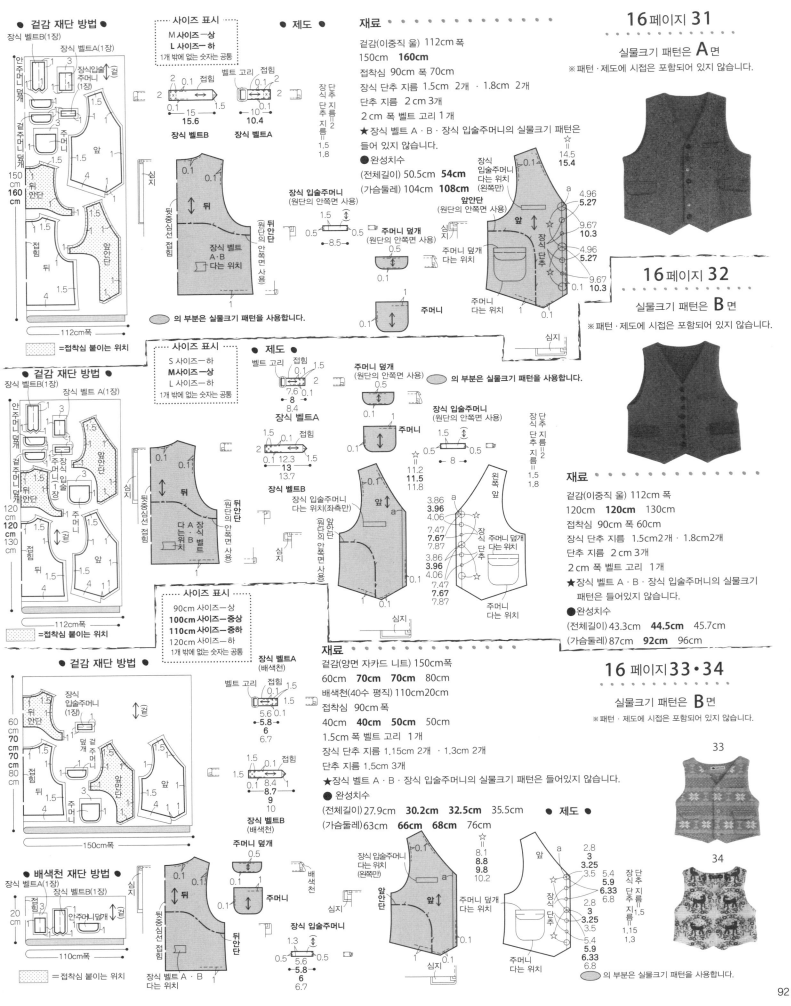

● 겉감 재단 방법 ●

장식 벨트B(1장)
장식 벨트A(1장)
장식 벨트A(1장)
장식 입술주머니(1장)
안주머니 덮개
겉주머니 덮개
주머니
앞안단
뒤안단
뒤
앞
접힘
150cm 160cm
112cm폭

=접착심 붙이는 위치

● 사이즈 표시 ●
M 사이즈—상
L 사이즈—하
1개 밖에 없는 숫자는 공통

● 제도 ●

벨트 고리 접힘
2 0.1 접힘
0.1 15.6 1.5
장식 벨트B

접힘
2 0.1
0.1 10.4
장식 벨트A

뒤
뒷중심선 접힘
장식 벨트 A·B 다는 위치
심지
뒤안단
(원단의 안쪽면 사용)

의 부분은 실물크기 패턴을 사용합니다.

장식 입술주머니 (원단의 안쪽면 사용)
1.5 0.5
8.5
0.5

주머니 덮개 (원단의 안쪽면 사용)
0.5 0.1
주머니 덮개 다는 위치
심지

주머니
0.1 1

● 재료 ●
겉감(이중직 울) 112cm 폭
150cm **160cm**
접착심 90cm 폭 70cm
장식 단추 지름 1.5cm 2개 · 1.8cm 2개
단추 지름 2 cm 3개
2 cm 폭 벨트 고리 1개
★장식 벨트 A·B·장식 입술주머니의 실물크기 패턴은 들어 있지 않습니다.
● 완성치수
(전체길이) 50.5cm **54cm**
(가슴둘레) 104cm **108cm**

장식 단추 단추 지름 1.5 1.8

장식 입술주머니 다는 위치 (왼쪽만)
앞안단 (원단의 안쪽면 사용)
앞
장식 단추
☆ 14.5 15.4
0.1
a 4.96 5.27
9.67 10.3
4.96 5.27
9.67 10.3
0.1
주머니 다는 위치
주머니 덮개 다는 위치
심지
1 0.1

● 겉감 재단 방법 ●

장식 벨트B(1장)
장식 벨트A(1장)
안주머니 덮개
겉주머니 덮개
주장식주머니 입술 1장
뒤안단
앞안단
주머니
뒤
앞
접힘
120cm **120cm** 130cm
112cm폭

=접착심 붙이는 위치

● 사이즈 표시 ●
S 사이즈—하
M 사이즈—상
L 사이즈—하
1개 밖에 없는 숫자는 공통

● 제도 ●

벨트 고리 접힘
2 0.1 1.5
0.1 7.6 0.1
8
8.4

접힘
1.5 0.1
2 12.3 1.5
0.1 13
13.7
장식 벨트A

주머니 덮개 (원단의 안쪽면 사용)
1.5 0.5
0.1
주머니
0.1 1

의 부분은 실물크기 패턴을 사용합니다.

뒤
뒷중심선 접힘
다는 위치 A 장식 B 벨트
심지

장식 벨트B
장식 입술주머니 다는 위치(좌측만)
앞안단 (원단의 안쪽면 사용)
심지

장식 입술주머니 (원단의 안쪽면 사용)
1.5 0.5
0.1 11.2 11.5 11.8
0.5 8 0.5

앞
a
-0.1
앞안단 (원단의 안쪽면 사용)
심지
0.1

왼쪽 앞
a
3.86 3.96 4.06
7.47 7.67 7.87
3.86 3.96 4.06
7.47 7.67 7.87
장식 단추
주머니 덮개 다는 위치
주머니 다는 위치
0.1

장식 단추 단추 지름 1.5 1.8

● 재료 ●
겉감(이중직 울) 112cm 폭
120cm **120cm** 130cm
접착심 90cm 폭 60cm
장식 단추 지름 1.5cm2개 · 1.8cm2개
단추 지름 2 cm 3개
2 cm 폭 벨트 고리 1개
★장식 벨트 A·B·장식 입술주머니의 실물크기 패턴은 들어있지 않습니다.
● 완성치수
(전체길이) 43.3cm **44.5cm** 45.7cm
(가슴둘레) 87cm **92cm** 96cm

33

34

● 사이즈 표시 ●
90cm 사이즈—상
100cm 사이즈—중상
110cm 사이즈—중하
120cm 사이즈—하
1개 밖에 없는 숫자는 공통

● 겉감 재단 방법 ●

뒤안단
장식 입술주머니 (1장)
덮개
겉주머니
앞안단
뒤
앞
접힘
주머니
60cm 70cm 70cm 80cm
150cm폭

=접착심 붙이는 위치

● 배색천 재단 방법 ●
장식 벨트A(1장)
장식 벨트B(1장)
접힘
안주머니덮개
20cm
110cm폭

● 제도 ●

장식 벨트A (배색천)
벨트 고리 접힘
0.1 1.5
1.5
5.6 0.1
5.8
6
6.7

접힘
1.5 0.1
1.5
0.1 8.4 1.5
8.7
9
10
장식 벨트B (배색천)

주머니 덮개
0.5 0.1
0.1
주머니
0.1 1
배색천
심지

뒤
뒷중심선 접힘
뒤안단
장식 벨트 A·B 다는 위치

장식 입술주머니
1.3
0.5 5.6 0.5
5.8
6
6.7

● 재료 ●
겉감(양면 자카드 니트) 150cm폭
60cm **70cm** **70cm** 80cm
배색천(40수 평직) 110cm20cm
접착심 90cm 폭
40cm **40cm** **50cm** 50cm
1.5cm 폭 벨트 고리 1개
장식 단추 지름 1.15cm 2개 · 1.3cm 2개
단추 지름 1.5cm 3개
★장식 벨트 A·B·장식 입술주머니의 실물크기 패턴은 들어있지 않습니다.
● 완성치수
(전체길이) 27.9cm **30.2cm** **32.5cm** 35.5cm
(가슴둘레)63cm **66cm** **68cm** 76cm

● 제도 ●

장식 입술주머니 다는 위치 (왼쪽만)
앞안단
앞
a
-0.1
0.1
☆ = 8.1 **8.8** **9.8** 10.2

앞
a
2.8 **3** **3.25** 3.5
5.4 **5.9** **6.33** 6.8
2.8 **3** **3.25** 3.5
5.4 **5.9** **6.33** 6.8
장식 단추
주머니 덮개 다는 위치
주머니 다는 위치
0.1

장식 단추 단추 지름 1.5 1.15 1.3

의 부분은 실물크기 패턴을 사용합니다.

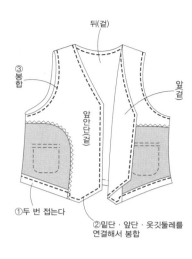

⑥ 밑단을 봉합한다

뒤(겉)
③봉합
앞(겉)
앞안단(겉)
①두 번 접는다
②밑단·앞단·옷깃둘레를 연결해서 봉합한다

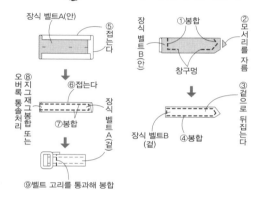

⑦ 장식 벨트를 만들어 달아준다

장식 벨트A(안)
⑤접는다
장식 벨트B(안)
①봉합
②모서리를 자름
창구멍
③겉으로 뒤집는다
장식 벨트A(겉)
⑥접는다
⑦봉합
오버록 통솔처리 또는 지그재그통솔처리
⑧
⑨벨트 고리를 통과해 봉합
장식 벨트B(겉)
④봉합

뒤(겉)
⑪봉합
⑩봉합
장식 벨트B(겉)
장식 벨트A(겉)

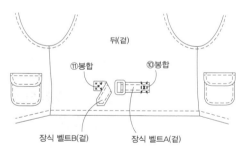

⑧ 단추를 단다

뒤안단(겉)
앞(겉)
③장식 단추를 단다
②단추를 단다
①단추 구멍을 만든다

No.32·34는 단추와 단추 구멍을 반대의 위치에 달아줍니다

④ 안단을 달아준다

뒤안단(안)
어깨 끝 2~3cm 남기고 봉합한다
어깨 끝 2~3cm 남기고 봉합한다
접착심
가위집에
곡선에
접착심
①봉합
앞안단(안)
뒤(겉)
③자름

④안쪽으로 뒤집는다 몸판의
앞안단(겉)
뒤(안)
앞(안)

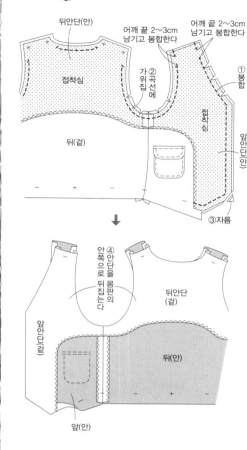

⑤ 어깨선을 봉합한다

①봉합
뒤(겉)
앞(안)
뒤안단(겉)
젖힌 안단을
②가름솔을 한다
앞안단(안)
앞안단(겉)
③시접을 접는다
뒤안단(겉)
④감침질한다
앞안단(겉)

뒤(겉)
앞안단(겉)
뒤(안)
앞(안)

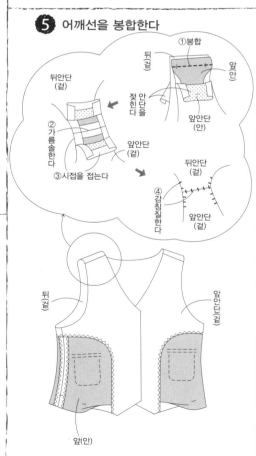

31～34의 만드는 방법

봉합의 시작과 끝은 되돌아박기를 합니다

● 봉합 시작 전에 ●
① 접착심을 붙인다
② 옆·안단의 원단 끝에 지그재그봉제 또는 오버록 처리를 한다

❶ 주머니 덮개·주머니를 만들어 달아준다

⑤지그재그봉제 또는 오버록 처리
안주머니 덮개(안)
겉주머니 덮개(겉)
겉으로 뒤집는다
가위집에
곡선에
④봉합
①봉합
안주머니 덮개

주머니(안)
1.5cm
⑥두 번 접는다
⑧실을 당겨 둘레를 접는다
주머니(안)
주머니의 곡선 부분에 맞추어 잘라둔 두꺼운 종이
⑦촘촘히 봉합

⑫봉합
⑪아래로 넘긴다
안주머니 덮개(겉)
⑬봉합
겉주머니 덮개(겉)
주머니(겉)
⑨봉합
앞(겉)

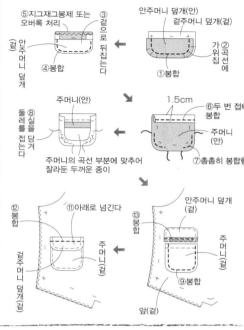

❷ 장식 입술주머니를 만들어 달아준다

③겉으로 뒤집는다
장식 입술주머니(안)
①반으로 접음
장식 입술주머니(겉)
②봉합

⑤위로 넘긴다
장식 입술주머니(겉)
④봉합
⑥봉합
장식 입술주머니(겉)
앞(겉)

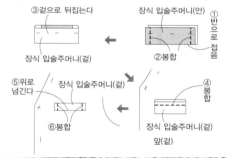

❸ 옆선을 봉합한다

뒤(겉)
①봉합
뒤안단(안)
앞(안)
②가름솔을 한다
접착심
③봉합

앞안단(겉)
④가름솔한다

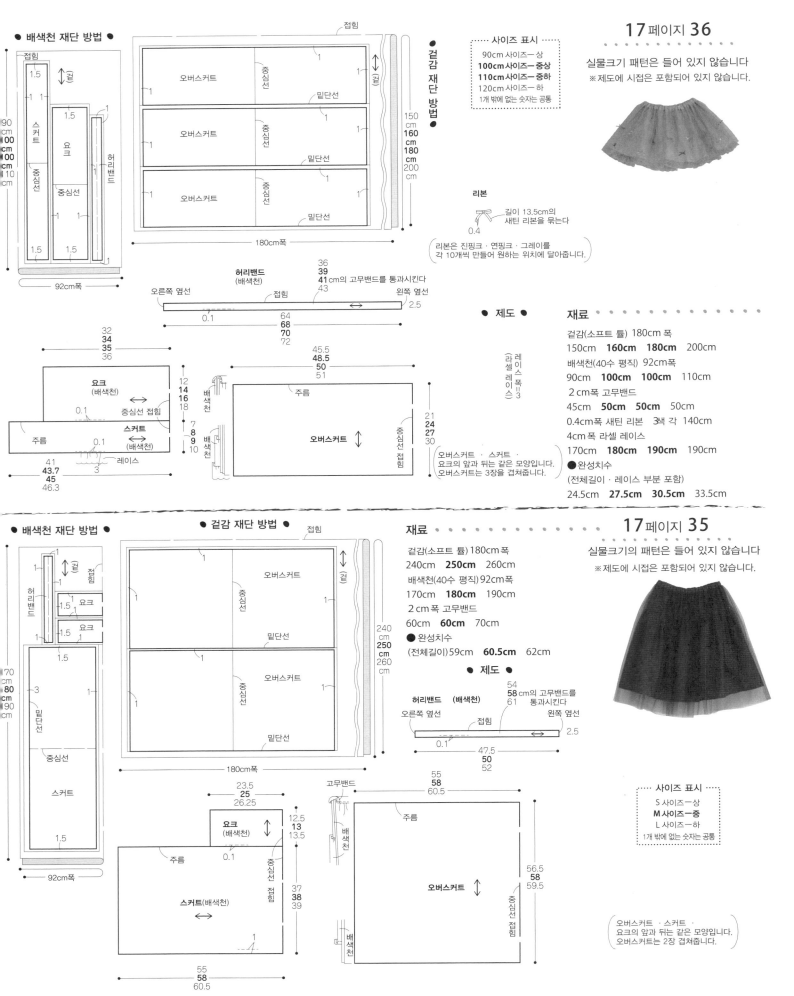

● 배색천 재단 방법 ●

접힘

1.5
겉
90 cm 100 cm 100 cm 110 cm
스커트
중심선

1.5
요크
중심선

1
허리밴드

1.5 1.5

92cm폭

접힘

오버스커트 중심선 1
중심선 1
밑단선 1

오버스커트 중심선
중심선
밑단선

오버스커트 중심선
중심선
밑단선

180cm폭

접힘
겉
겉 재단 방법 ●

150 cm
160 cm
180 cm
200 cm

17 페이지 36

실물크기 패턴은 들어 있지 않습니다
※제도에 시접은 포함되어 있지 않습니다.

● 사이즈 표시 ●
90cm 사이즈─상
100cm 사이즈─중상
110cm 사이즈─중하
120cm 사이즈─하
1개 밖에 없는 숫자는 공통

리본
0.4
길이 13.5cm의
새틴 리본을 묶는다

리본은 진핑크·연핑크·그레이를
각 10개씩 만들어 원하는 위치에 달아줍니다.

허리밴드 (배색천)
오른쪽 옆선 접힘 왼쪽 옆선
0.1 64
68
70
72
2.5

36
39
41cm의 고무밴드를 통과시킨다
43

32
34
35
36

요크
(배색천)
중심선 접힘
0.1

주름
(배색천)
0.1
레이스

41
43.7
45
46.3
3

12
14
16
18
배색천

7
8
9
10
배색천

45.5
48.5
50
51

주름

오버스커트 중심선 접힘

21
24
27
30

라셀레이스폭3

● 제도 ●

오버스커트·스커트·
요크의 앞과 뒤는 같은 모양입니다.
오버스커트는 3장을 겹쳐줍니다.

재료 ● ● ● ● ● ● ● ● ● ● ●
겉감(소프트 튤) 180cm 폭
150cm 160cm 180cm 200cm
배색천(40수 평직) 92cm폭
90cm 100cm 100cm 110cm
2 cm폭 고무밴드
45cm 50cm 50cm 50cm
0.4cm폭 새틴 리본 3색 각 140cm
4cm 폭 라셀 레이스
170cm 180cm 190cm 190cm
●완성치수
(전체길이·레이스 부분 포함)
24.5cm 27.5cm 30.5cm 33.5cm

● 배색천 재단 방법 ●

접힘

1
허리밴드

1
요크

1.5
요크

1.5

70 cm 80 cm 90 cm

3
밑단선

1.5

중심선

스커트

1

92cm폭

● 겉감 재단 방법 ●
접힘

오버스커트 중심선 1
밑단선

오버스커트 중심선
밑단선

180cm폭

겉

240 cm
250 cm
260 cm

재료 ● ● ● ● ● ● ● ● ● ●
겉감(소프트 튤)180cm 폭
240cm 250cm 260cm
배색천(40수 평직)92cm폭
170cm 180cm 190cm
2 cm 폭 고무밴드
60cm 60cm 70cm
●완성치수
(전체길이)59cm 60.5cm 62cm

● 제도 ●

허리밴드 (배색천)
오른쪽 옆선 접힘 왼쪽 옆선
0.1
47.5
50
52
2.5

54
58cm의 고무밴드를
61 통과시킨다

23.5
25
26.25

요크
(배색천)
0.1

주름

12.5
13
13.5

중심선 접힘

주름

스커트(배색천)

37
38
39

1

55
58
60.5

고무밴드

주름

오버스커트 중심선 접힘

배색천

55
58
60.5

56.5
58
59.5

17 페이지 35

실물크기의 패턴은 들어 있지 않습니다
※제도에 시접은 포함되어 있지 않습니다.

● 사이즈 표시 ●
S 사이즈─상
M 사이즈─중
L 사이즈─하
1개 밖에 없는 숫자는 공통

오버스커트·스커트·
요크의 앞과 뒤는 같은 모양입니다.
오버스커트는 2장 겹쳐줍니다.

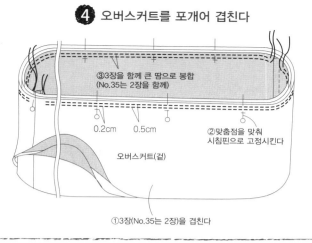

❹ 오버스커트를 포개어 겹친다

③3장을 함께 큰 땀으로 봉합
(No.35는 2장을 함께)

0.2cm 0.5cm

②맞춤점을 맞춰
시침핀으로 고정시킨다

오버스커트(겉)

①3장(No.35는 2장)을 겹친다

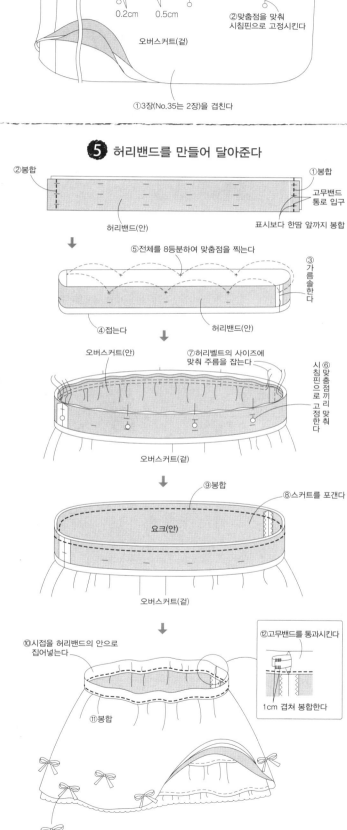

❺ 허리밴드를 만들어 달아준다

②봉합
①봉합
고무밴드 통로 입구
표시보다 한땀 앞까지 봉합

허리밴드(안)

⑤전체를 8등분하여 맞춤점을 찍는다

③가름솔을 한다

④접는다

허리밴드(안)

오버스커트(안)
⑦허리벨트의 사이즈에 맞춰 주름을 잡는다

⑥맞춤점끼리 맞춰 시침핀으로 고정한다

오버스커트(겉)

⑨봉합
⑧스커트를 포갠다

요크(안)

오버스커트(겉)

⑩시접을 허리밴드의 안으로 집어넣는다

⑪봉합

⑫고무밴드를 통과시킨다

1cm 겹쳐 봉합한다

⑬리본을 묶고, 균형을 맞추면서 달아준다(No.36)

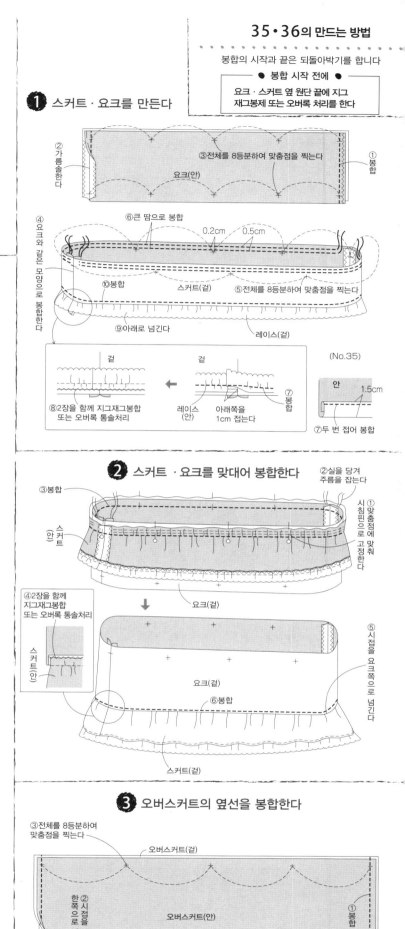

35·36의 만드는 방법

봉합의 시작과 끝은 되돌아박기를 합니다

● 봉합 시작 전에 ●
요크·스커트 옆 원단 끝에 지그재그봉제 또는 오버록 처리를 한다

❶ 스커트·요크를 만든다

②가름솔을 한다
①봉합
③전체를 8등분하여 맞춤점을 찍는다

요크(안)

요크와 같은 모양으로 봉합한다

⑥큰 땀으로 봉합
0.2cm 0.5cm
⑩봉합
스커트(겉)
⑤전체를 8등분하여 맞춤점을 찍는다
⑨아래로 넘긴다
레이스(겉)

겉 겉

⑧2장을 함께 지그재그봉합 또는 오버록 통솔처리
레이스(안)
아래쪽을 1cm 접는다
⑦봉합

(No.35)

안 1.5cm

⑦두 번 접어 봉합

❷ 스커트·요크를 맞대어 봉합한다

③봉합
②실을 당겨 주름을 잡는다
①맞춤점에 맞춰 시침핀으로 고정한다
안 스커트

요크(겉)

④2장을 함께 지그재그봉합 또는 오버록 통솔처리
스커트(안)

⑤시접을 요크쪽으로 넘긴다

요크(겉)
⑥봉합

스커트(겉)

❸ 오버스커트의 옆선을 봉합한다

③전체를 8등분하여 맞춤점을 찍는다

오버스커트(겉)

②시접을 한쪽으로 넘긴다
①봉합

오버스커트(안)

No.36은 같은 모양으로 3장, No.35는 2장을 만든다

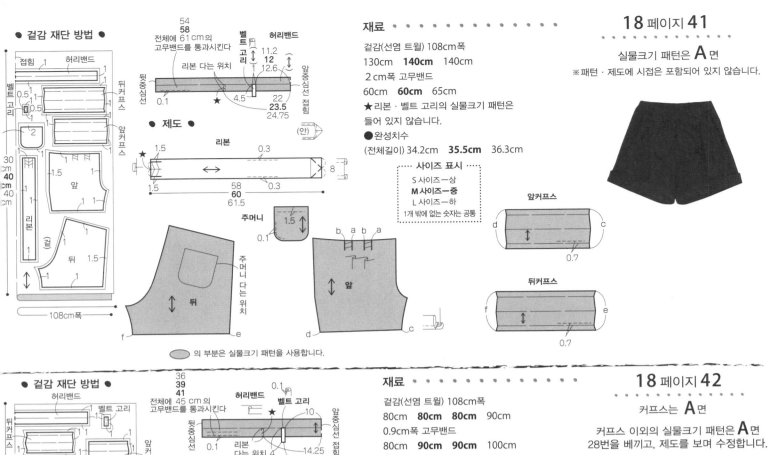

● 겉감 재단 방법 ●

접힘 1
허리밴드 1
뒤커프스
0.5 0.5
앞커프스
벨트 고리
2
30
40 cm
40 cm
1.5
1.5
앞
1.5
리본
겉
뒤 1.5
1 1
108cm폭

54
58
전체에 61 cm의 고무밴드를 통과시킨다
벨트 고리
11.2
12
12.6
허리밴드
리본 다는 위치
0.1
★
4.5
22
23.5
24.75
앞중심선 접힘
뒷중심선
(안)

● 제도 ●

1.5
리본
0.3
★
1.5
58
0.3
60
61.5
8

주머니
1.5
0.1

b a b a
주머니 다는 위치
뒤
f e

주머니 다는 위치
앞
d c

재료 ● ● ●

겉감(선염 트윌) 108cm폭
130cm **140cm** 140cm
2 cm폭 고무밴드
60cm **60cm** 65cm
★ 리본 · 벨트 고리의 실물크기 패턴은 들어 있지 않습니다.

● 완성치수
(전체길이) 34.2cm **35.5cm** 36.3cm

┌─── 사이즈 표시 ───┐
S 사이즈—상
M 사이즈—중
L 사이즈—하
1개 밖에 없는 숫자는 공통
└──────────────┘

앞커프스
d c
0.7

뒤커프스
f e
0.7

의 부분은 실물크기 패턴을 사용합니다.

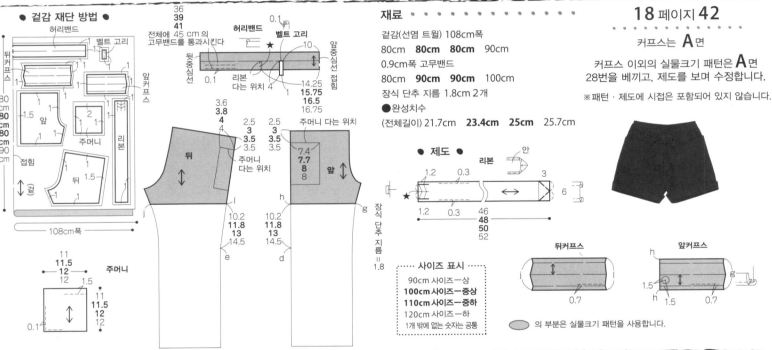

● 겉감 재단 방법 ●

허리밴드
벨트 고리
뒤커프스
앞커프스
30
80
80 cm
90 cm
1.5
앞
1
2
주머니
1.5
접힘
뒤
1.5
겉
리본
108cm폭

36
39
41
전체에 45 cm의 고무밴드를 통과시킨다
0.1
허리밴드
벨트 고리
★
10
뒷중심선
0.1
리본 다는 위치 4
1
14.25
15.75
16.5
16.75
앞중심선 접힘

3.6
3.8
4
2.5
3
3.5
주머니 다는 위치
뒤
주머니 다는 위치
4

2.5
3
3.5
7.4
7.7
8
8
주머니 다는 위치
앞

l
10.2
11.8
13
14.5
e

h
10.2
11.8
13
14.5
d

장식 단추 지름 = 1.8

11
11.5
12
12
주머니
1.5
11
11.5
12
12
0.1

재료 ● ● ●

겉감(선염 트윌) 108cm폭
80cm **80cm** 80cm 90cm
0.9cm폭 고무밴드
80cm **90cm** 90cm 100cm
장식 단추 지름 1.8cm 2개

● 완성치수
(전체길이) 21.7cm **23.4cm** 25cm 25.7cm

● 제도 ●

1.2
리본
0.3
안
3
★
1.2
0.3
46
48
50
52
6

뒤커프스
j
0.7
앞커프스
h g
1.5
h 1.5
0.7

┌─── 사이즈 표시 ───┐
90cm 사이즈—상
100cm 사이즈—중상
110cm 사이즈—중하
120cm 사이즈—하
1개 밖에 없는 숫자는 공통
└──────────────┘

의 부분은 실물크기 패턴을 사용합니다.

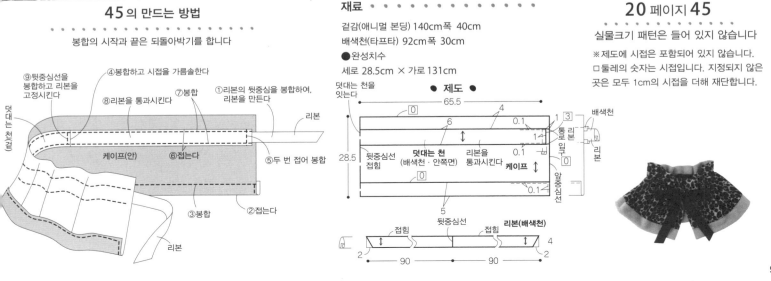

45 의 만드는 방법

봉합의 시작과 끝은 되돌아박기를 합니다

⑨뒷중심선을 봉합하고 리본을 고정시킨다
④봉합하고 시접을 가름솔한다
⑧리본을 통과시킨다
⑦봉합
①리본의 뒷중심을 봉합하여, 리본을 만든다
리본
케이프(안)
⑥접는다
덧대는 천(겉)
⑤두 번 접어 봉합
③봉합
②접는다
리본

재료 ● ● ●

겉감(애니멀 본딩) 140cm폭 40cm
배색천(타프타) 92cm폭 30cm
● 완성치수
세로 28.5cm × 가로 131cm

● 제도 ●

덧대는 천을 잇는다
65.5
4
0
6
0.1
1 3
배색천
28.5
뒷중심선 접힘
덧대는 천
(배색천 · 안쪽면)
리본을 통과시킨다
케이프
0.1
0
통로 리본 입구
리본
앞중심선
0
5
뒷중심선
접힘
리본(배색천)
2
90
90
4
2

20 페이지 45

실물크기 패턴은 들어 있지 않습니다

※제도에 시접은 포함되어 있지 않습니다.
□둘레의 숫자는 시접입니다. 지정되지 않은 곳은 모두 1cm의 시접을 더해 재단합니다.

⑨ 허리밴드를 달아준다

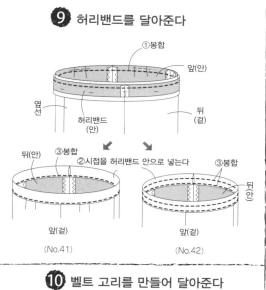

①봉합
앞(안)
옆선
허리밴드(안)
뒤(겉)

③봉합
뒤(안)
②시접을 허리밴드 안으로 넣는다
③봉합
뒤(안)
앞(겉)
(No.41)
앞(겉)
(No.42)

⑩ 벨트 고리를 만들어 달아준다

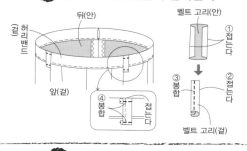

뒤(안)
허리밴드(겉)
앞(겉)
벨트 고리(안)
①접는다
③봉합
②접는다
④봉합 접는다
벨트 고리(겉)

⑪ 고무밴드를 통과시킨다

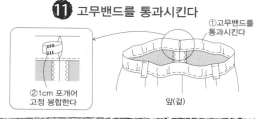

①고무밴드를 통과시킨다
②1cm 포개어 고정 봉합한다
앞(겉)

⑫ 리본을 만들어 달아준다

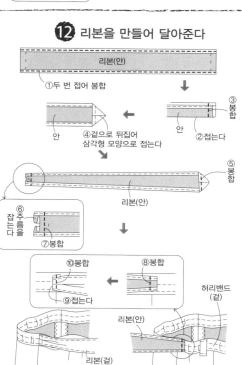

리본(안)
①두 번 접어 봉합
③봉합
안
②접는다
④겉으로 뒤집어 삼각형 모양으로 접는다
리본(안)
⑤봉합
⑥잡는주름을다
⑦봉합
⑩봉합
⑧봉합
⑨접는다
리본(겉)
뒤(겉)
앞(겉)
⑪장식 단추를 단다(No.42)
앞커프스(겉)

⑥ 커프스를 만들어 달아준다

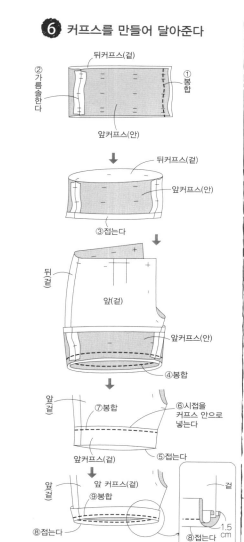

②가름솔을 한다
뒤커프스(겉)
①봉합
앞커프스(안)
뒤커프스(겉)
앞커프스(안)
③접는다
뒤(겉)
앞(겉)
앞커프스(안)
④봉합
앞(겉)
⑦봉합
⑥시접을 커프스 안으로 넣는다
앞커프스(겉)
⑤접는다
앞(겉)
앞 커프스(겉)
⑨봉합
⑧접는다
겉
⑧접는다 1.5 cm

⑦ 밑위선을 봉합한다

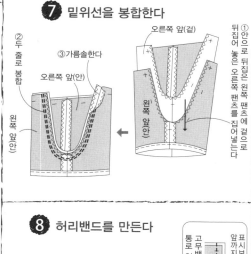

②두 줄로 봉합
③가름솔한다
오른쪽 앞(겉)
오른쪽 앞(안)
왼쪽 앞(안)
왼쪽 앞(안)
①안으로 뒤집어 놓은 왼쪽 팬츠를 뒤집어 놓은 오른쪽 팬츠에 걸어넣는다

⑧ 허리밴드를 만든다

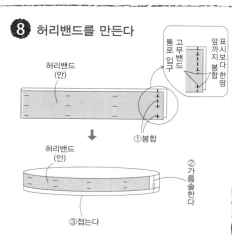

허리밴드(안)
고무밴드 통로로 입구
앞 표시까지보다 한땀 봉합한다
허리밴드(안)
①봉합
허리밴드(안)
②가름솔한다
③접는다

41·42 의 만드는 방법

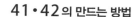

봉합의 시작과 끝은 되돌아박기를 합니다
● 봉합 시작 전에 ●
옆·밑위·밑아래·주머니 입구의 원단 끝에 지그재그봉제 또는 오버록 처리를 한다

❶ 주름을 잡는다 (No.41)

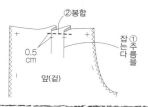

②봉합
0.5 cm
①잡는주름을다
앞(겉)

❷ 주머니를 만들어 달아준다 (No.41)

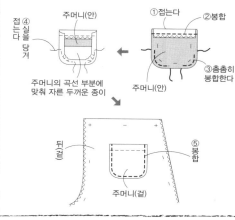

접는④다실을 당겨
주머니(안)
①접는다
②봉합
주머니(안)
③촘촘히 봉합한다
주머니의 곡선 부분에 맞춰 자른 두꺼운 종이
주머니(안)
뒤(겉)
⑤봉합
주머니(겉)

❸ 옆선을 봉합한다

뒤(겉)
①봉합
앞(안)
②가름솔을 한다

❹ 주머니를 만들어 달아준다 (No.42)

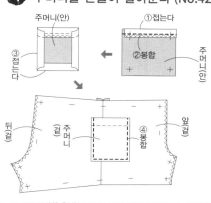

주머니(안)
①접는다
②봉합
주머니(안)
③접는다
뒤(겉)
겉 주머니
④봉합
앞(겉)

❺ 밑아래선을 봉합한다

뒤(겉)
앞(안)
①봉합
②가름솔한다

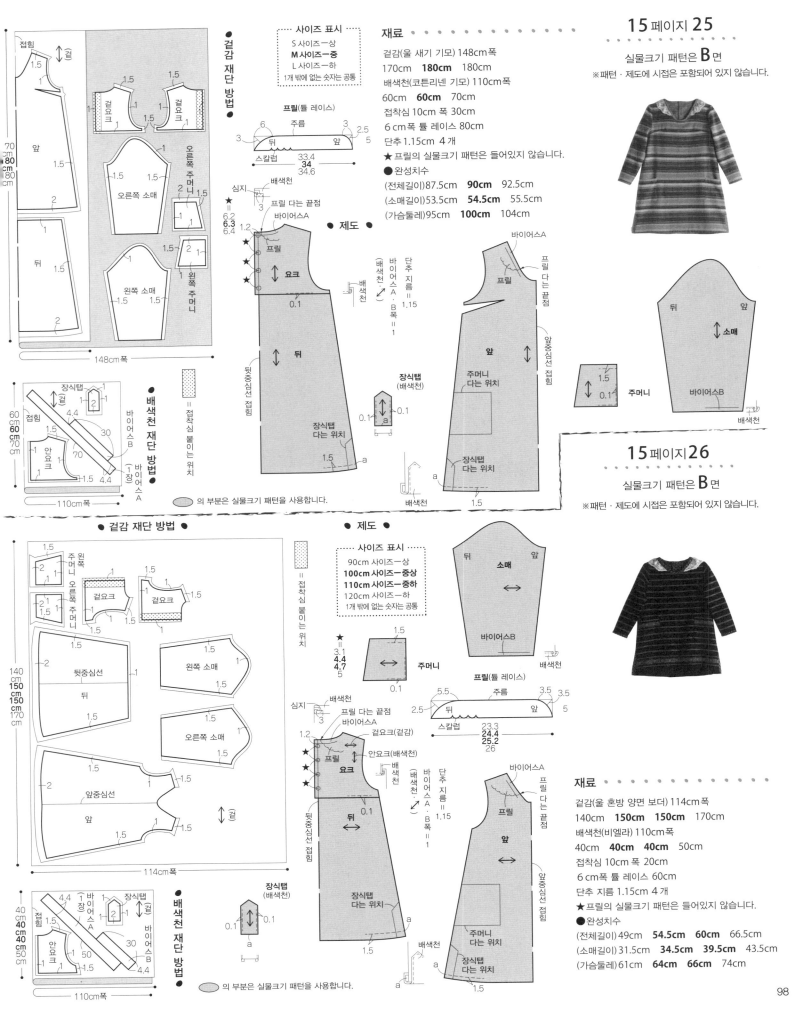

실물크기 패턴은 **B**면
※패턴·제도에 시접은 포함되어 있지 않습니다.

재료
걸감(울 새기 기모) 148cm폭
170cm **180cm** 180cm
배색천(코튼리넨 기모) 110cm폭
60cm **60cm** 70cm
접착심 10cm 폭 30cm
6 cm폭 튤 레이스 80cm
단추 1.15cm 4 개
★ 프릴의 실물크기 패턴은 들어있지 않습니다.
● 완성치수
(전체길이)87.5cm **90cm** 92.5cm
(소매길이)53.5cm **54.5cm** 55.5cm
(가슴둘레)95cm **100cm** 104cm

■ 사이즈 표시 ■
S 사이즈―상
M 사이즈―중
L 사이즈―하
1개 밖에 없는 숫자는 공통

● 걸감 재단 방법 ●

70cm
80cm
80cm

148cm폭

60cm
60cm
70cm

110cm폭

● 배색천 재단 방법 ●

= 접착심 붙이는 위치

의 부분은 실물크기 패턴을 사용합니다.

프릴(튤 레이스)
스칼럽 33.4 **34** 34.6

● 제도 ●

요크
뒤
앞
장식탭(배색천)
장식탭 다는 위치
주머니 다는 위치

바이어스A
바이어스A·B 폭=1
단추 지름 1.15

뒤 앞
소매
바이어스B
주머니

실물크기 패턴은 **B**면
※패턴·제도에 시접은 포함되어 있지 않습니다.

● 걸감 재단 방법 ●

140cm
150cm
150cm
170cm

114cm폭

40cm
40cm
40cm
50cm

110cm폭

● 배색천 재단 방법 ●

■ 사이즈 표시 ■
90cm 사이즈―상
100cm 사이즈―중상
110cm 사이즈―중하
120cm 사이즈―하
1개 밖에 없는 숫자는 공통

● 제도 ●

요크
뒤
앞
소매
바이어스B
주머니
장식탭(배색천)

프릴(튤 레이스)
스칼럽 23.3 **24.4** 25.2 26

재료
걸감(울 혼방 양면 보더) 114cm폭
140cm **150cm 150cm** 170cm
배색천(비엘라) 110cm폭
40cm **40cm 40cm** 50cm
접착심 10cm 폭 20cm
6 cm폭 튤 레이스 60cm
단추 지름 1.15cm 4개
★ 프릴의 실물크기 패턴은 들어있지 않습니다.
● 완성치수
(전체길이)49cm **54.5cm 60cm** 66.5cm
(소매길이)31.5cm **34.5cm 39.5cm** 43.5cm
(가슴둘레)61cm **64cm 66cm** 74cm

❾ 소매 아랫선부터 이어서 옆선을 봉합한다

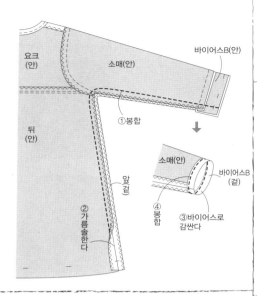

❿ 밑단을 봉합하고, 장식탭을 달아준다

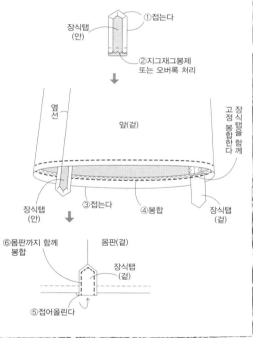

⓫ 단추 구멍을 만들고, 단추를 달아준다

❺ 어깨선을 봉합한다

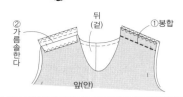

❻ 프릴을 만들어 달아준다

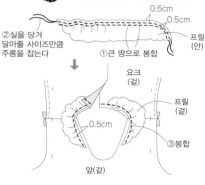

❼ 옷깃둘레를 봉합한다

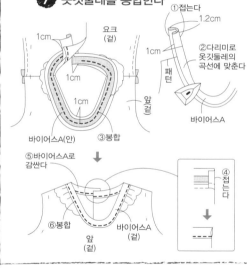

❽ 소매를 달아준다

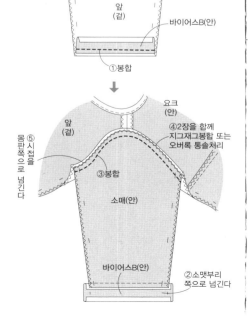

25·26의 만드는 방법

봉합의 시작과 끝은 되돌아박기를 합니다

● 봉합 시작 전에 ●

① 접착심을 붙인다
② 앞 어깨·옆·소매 아래·주머니·밑단의 원단 끝에 지그재그봉제 또는 오버록 처리를 한다

❶ 다트를 봉합한다(No.25)

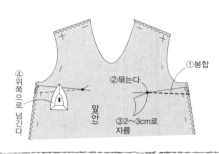

❷ 주머니를 만들어 달아준다

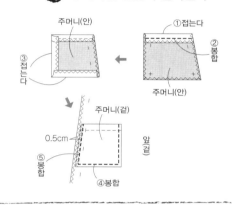

❸ 뒤요크를 만든다

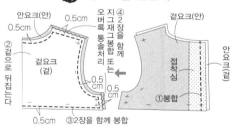

❹ 뒤요크를 달아준다

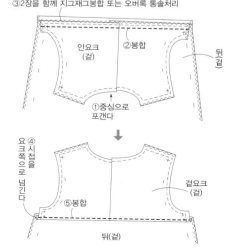

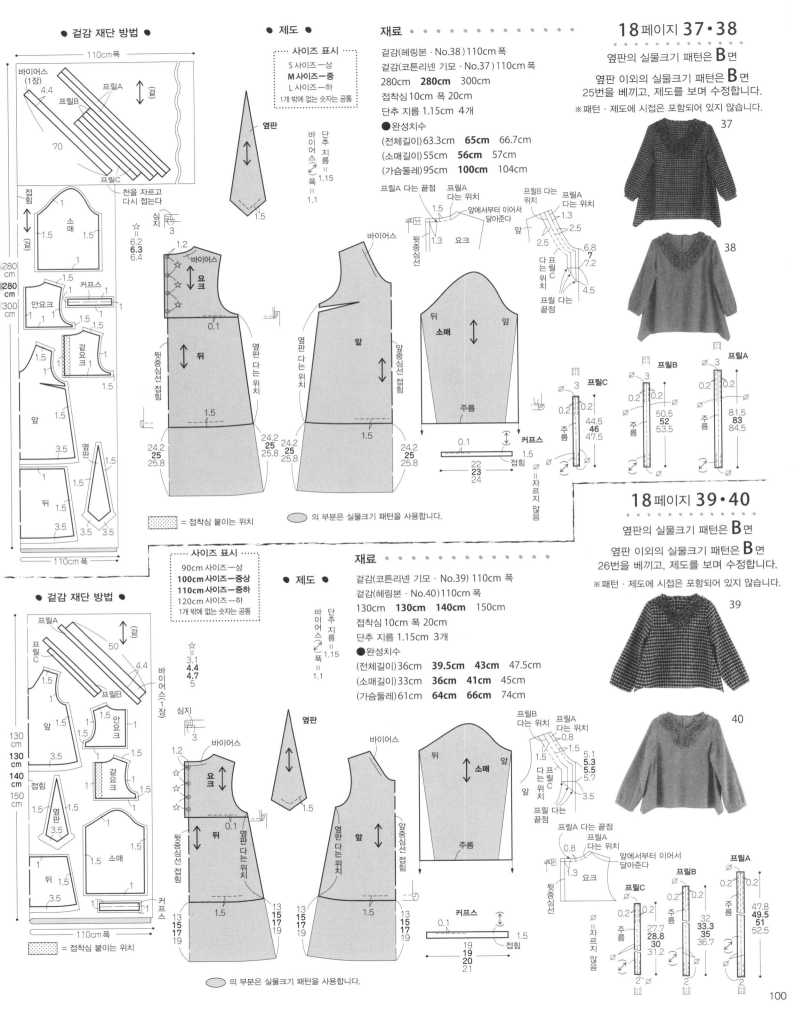

● 겉감 재단 방법 ●

110cm폭

바이어스
(1장)
4.4
프릴A
프릴B
70
프릴C
천을 자르고
다시 접는다

접힘
소매 1
1.5
1.5
1
280
cm
280
cm
300
cm

커프스 1
안요크
겉요크
1.5
1.5
1.5
1.5
1.5
1
1
앞
1.5
3.5
옆판
1.5
뒤
3.5
3.5
110cm폭

= 접착심 붙이는 위치

● 제도 ●

사이즈 표시
S 사이즈―상
M 사이즈―중
L 사이즈―하
1개 밖에 없는 숫자는 공통

옆판

심지 3

바이어스(↗) 폭 = 1.5
단추 지름 = 1.15
폭 = 1.1

1.5

재료

겉감(헤링본 · No.38) 110cm 폭
겉감(코튼리넨 기모 · No.37) 110cm 폭
280cm **280cm** 300cm
접착심 10cm 폭 20cm
단추 지름 1.15cm 4개

●완성치수
(전체길이) 63.3cm **65cm** 66.7cm
(소매길이) 55cm **56cm** 57cm
(가슴둘레) 95cm **100cm** 104cm

1.2
바이어스
요크
☆
☆
☆
0.1
뒤
뒷중심선 접힘
옆판 다는 위치
24.2 **25** 25.8
24.2 **25** 25.8

심지 = 6.2 **6.3** 6.4

바이어스
앞
옆판 다는 위치
앞중심선 접힘
0.1
1.5
24.2 **25** 25.8

뒤 소매 앞
주름
0.1
커프스 1.5 접힘
22 **23** 24
= 자르지 않음

의 부분은 실물크기 패턴을 사용합니다.

18페이지 **37·38**

옆판의 실물크기 패턴은 **B**면

옆판 이외의 실물크기 패턴은 **B**면
25번을 베끼고, 제도를 보며 수정합니다.
※ 패턴 · 제도에 시접은 포함되어 있지 않습니다.

37
38

프릴A 다는 끝점
프릴A 다는 위치
1.5
앞에서부터 이어서 달아준다
1.3
요크
프릴B 다는 위치
프릴A 다는 위치
1.3
2.5
앞
2.5
6.8
7
7.2
다 프 는 릴 위 C 치
4.5
프릴 다는 끝점

프릴C
∅ 3
0.2
0.2
주름
44.5
46
47.5
∅ = 자르지 않음

프릴B
0.2 0.2
3
주름
50.5
52
53.5

프릴A
0.2 0.2
3
주름
81.5
83
84.5

18페이지 **39·40**

옆판의 실물크기 패턴은 **B**면

옆판 이외의 실물크기 패턴은 **B**면
26번을 베끼고, 제도를 보며 수정합니다.
※ 패턴 · 제도에 시접은 포함되어 있지 않습니다.

39
40

사이즈 표시
90cm 사이즈―상
100cm 사이즈―중상
110cm 사이즈―중하
120cm 사이즈―하
1개 밖에 없는 숫자는 공통

● 제도 ●

바이어스(↗) 폭 = 1.1
단추 지름 = 1.15

● 겉감 재단 방법 ●

프릴A
프릴C
50
프릴B
1.5
앞
1.5
3.5
안요크
1.5
겉요크
1.5
접힘
옆판
1.5
3.5
소매
1.5
1.5
뒤
1.5
3.5
커프스 1
110cm폭

130
cm
130
cm
140
cm
150
cm

= 접착심 붙이는 위치

심지 = 3.1 **4.4** **4.7** 5

바이어스

옆판
1.5

재료

겉감(코튼리넨 기모 · No.39) 110cm 폭
겉감(헤링본 · No.40) 110cm 폭
130cm **130cm** **140cm** 150cm
접착심 10cm 폭 20cm
단추 지름 1.15cm 3개

●완성치수
(전체길이) 36cm **39.5cm** **43cm** 47.5cm
(소매길이) 33cm **36cm** **41cm** 45cm
(가슴둘레) 61cm **64cm** **66cm** 74cm

1.2
바이어스
요크
☆
☆
☆
0.1
뒤
뒷중심선 접힘
옆판 다는 위치
13 **15** **17** **17** 19

바이어스
앞
옆판 다는 위치
앞중심선 접힘
13 **15** **17** **17** 19
1.5

뒤 소매 앞
주름

커프스
0.1
1.5 접힘
19 **19** **20** 21

프릴B 다는 위치
프릴A 다는 위치
0.8
1.5
1.5
5.1
5.3
5.5
5.7
다 프 는 릴 위 C 치
앞
3.5
프릴 다는 끝점

프릴A 다는 끝점
프릴A 다는 위치
0.8
1.3
요크
앞에서부터 이어서 달아준다
뒷중심선

프릴C
∅ 3
0.2 0.2
주름
27.7
28.8
30
31.2
∅ = 자르지 않음

프릴B
0.2 0.2
3
주름
32
33.3
35
36.7

프릴A
0.2 0.2
3
주름
47.8
49.5
51
52.5

2

의 부분은 실물크기 패턴을 사용합니다.

❾ 소매를 만든다

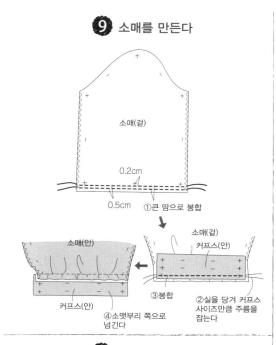

소매(겉)

0.2cm

0.5cm ①큰 땀으로 봉합

소매(안)
소매(안)
커프스(안)
소매(겉)
①큰 땀으로 봉합
③봉합
②실을 당겨 커프스 사이즈만큼 주름을 잡는다
커프스(안)
④소맷부리 쪽으로 넘긴다

❿ 소매를 달아준다

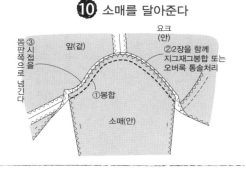

몸판쪽으로 넘긴다
앞(겉)
요크(안)
②2장을 함께 지그재그봉합 또는 오버록 통솔처리
①봉합
소매(안)

⓫ 소매 아랫선부터 이어서 옆선을 봉합한다

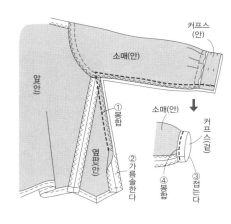

커프스(안)
소매(안)
앞(안)
①봉합
②가름솔을 한다
옆판(안)
소매(안)
커프스(겉)
④봉합
③접는다

⓬ 단추 구멍을 만들고, 단추를 달아준다

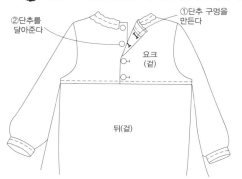

②단추를 달아준다
①단추 구멍을 만든다
요크(겉)
뒤(겉)

---

❻ 프릴을 만들어 달아준다

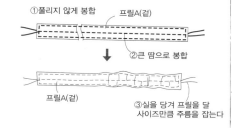

①풀리지 않게 봉합
프릴A(겉)
②큰 땀으로 봉합
프릴A(겉)
③실을 당겨 프릴을 달 사이즈만큼 주름을 잡는다

※프릴B·C도 같은 모양

겉요크(겉)
앞(겉)
④봉합
C C
B B
프릴A(겉)
⑤큰 땀으로 봉합한 실을 빼낸다

❼ 밑단을 봉합한다

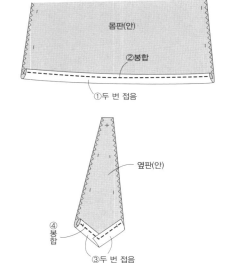

몸판(안)
②봉합
①두 번 접음

옆판(안)
④봉합
봉합
③두 번 접음

❽ 옆판을 앞몸판에 달아준다

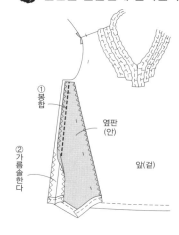

①봉합
②가름솔을 한다
옆판(안)
앞(겉)

37～40의 만드는 방법

봉합의 시작과 끝은 되돌아박기를 합니다

● 봉합 시작 전에 ●

① 접착심을 붙인다
② 앞 어깨·소매 아래·옆의 원단 끝에 지그재그봉제 또는 오버록 처리를 한다

❶ 다트를 봉합한다(99페이지 참조)

❷ 뒤요크를 만든다

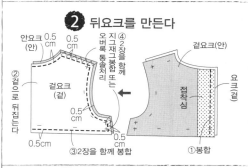

안요크(안)
0.5cm 0.5cm
④2장을 함께 지그재그봉합 또는 오버록 통솔처리
겉요크(안)
②겉으로 뒤집는다
겉요크(겉)
접착심
요크(겉)
0.5cm
0.5cm
0.5cm
③2장을 함께 봉합
①봉합

❸ 뒤요크를 달아준다

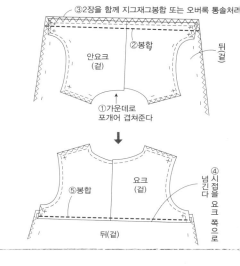

③2장을 함께 지그재그봉합 또는 오버록 통솔처리
안요크(겉)
②봉합
뒤(겉)
①가운데로 포개어 겹쳐준다
⑤봉합
요크(겉)
④시접을 넘긴다 요크 쪽으로
뒤(겉)

❹ 어깨선을 봉합한다(99페이지 참조)

❺ 옷깃둘레를 봉합한다

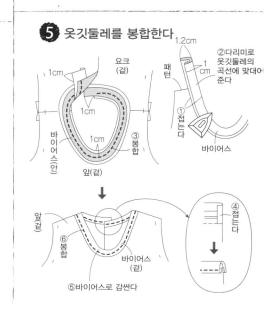

요크(겉)
1cm
1cm
1cm
바이어스(안)
앞(겉)
②다리미로 옷깃둘레의 곡선에 맞대어 준다
1.2cm
1cm
패턴
①접는다
③봉합
바이어스

앞(겉)
⑥봉합
바이어스(겉)
④접는다
⑤바이어스로 감싼다

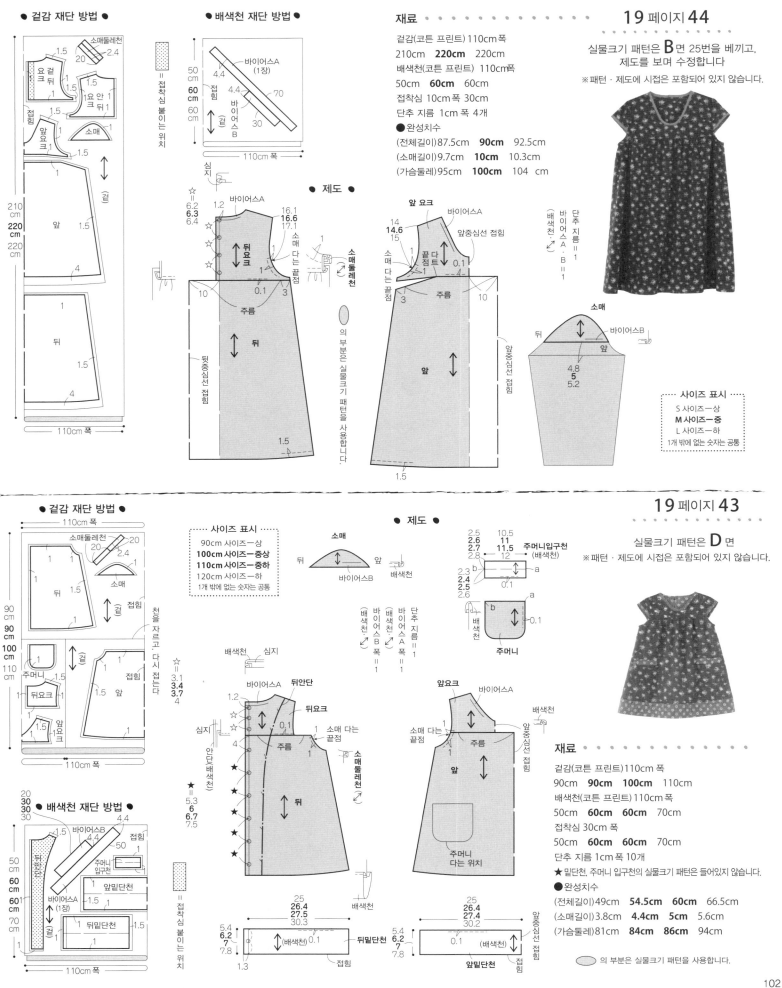

● 겉감 재단 방법 ●

소매둘레천 2.4
20 1.5

요겉크 뒤
요 안 크 뒤 1
1.5
접힘
앞요
1.5
소매

210cm
220cm
220cm

앞
겉
1.5
4

뒤
1
1.5
4

110cm 폭

● 배색천 재단 방법 ●

바이어스A (1장)
4.4
70
접힘
바이어스B
30

50cm
60cm
60cm

110cm 폭

= 접착심 붙이는 위치

● 재료 ●

겉감(코튼 프린트) 110cm 폭
210cm **220cm** 220cm
배색천(코튼 프린트) 110cm 폭
50cm **60cm** 60cm
접착심 10cm 폭 30cm
단추 지름 1cm 폭 4개

● 완성치수
(전체길이)87.5cm **90cm** 92.5cm
(소매길이)9.7cm **10cm** 10.3cm
(가슴둘레)95cm **100cm** 104 cm

19 페이지 **44**

실물크기 패턴은 **B**면 25번을 베끼고,
제도를 보며 수정합니다

※패턴・제도에 시접은 포함되어 있지 않습니다.

● 제도 ●

6.2 **6.3** 6.4
1.2
바이어스A
16.1 **16.6** 17.1
뒤요크
소매 다는 끝점
소매둘레천
1
0.1
3
주름
뒤
뒷중심선 접힘
1.5

앞 요크
14 **14.6** 15
바이어스A
앞중심선 접힘
끝 다 점트
0.1
소매 다는 끝점
주름
10
3
앞
앞중심선 접힘
1.5

의 부분은 실물크기 패턴을 사용합니다.

단추 지름=1
바이어스A・B=1
(배색천→)

소매
바이어스B
뒤 / 앞
4.8 **5** 5.2

┌ 사이즈 표시 ┐
S 사이즈─상
M 사이즈─중
L 사이즈─하
1개 밖에 없는 숫자는 공통

● 겉감 재단 방법 ●

110cm 폭
소매둘레천 20
20 2.4
뒤
1.5
겉
접힘
소매
1
앞
접힘
주머니 1.5
뒤요크
1.5
앞요크 1.5

90cm
90cm
100cm
110cm

110cm 폭

천을 자르고, 다시 접는다

● 배색천 재단 방법 ●

20 **30** 30
30
바이어스B
4.4 4.4
접힘
주머니 입구천
50
바이어스A (1장)
앞밑단천 1.5
1
뒤밑단천 1
1.5

50cm
60cm
60cm
70cm

110cm 폭

= 접착심 붙이는 위치

┌ 사이즈 표시 ┐
90cm 사이즈─상
100cm 사이즈─중상
110cm 사이즈─중하
120cm 사이즈─하
1 밖에 없는 숫자는 공통

● 제도 ●

소매
뒤 / 앞
바이어스B
배색천

바이어스A
뒤안단
뒤요크
1.2
심지
안단(배색천)
1
0.1
소매 다는 끝점
4
주름
뒤
소매둘레천

앞요크
바이어스A
배색천
소매 다는 끝점
앞중심선 접힘
1
주름
앞
주머니 다는 위치
주머니 다는 위치

☆= 3.1 **3.4** 3.7 4
★= 5.3 **6** 6.7 7.5

25 **26.4** 27.5 30.3
뒤밑단천
배색천
5.4 **6.2** 7 7.8
(배색천)
0.1
접힘
1.3

25 **26.4** 27.4 30.2
앞밑단천
앞중심선 접힘
5.4 **6.2** 7 7.8
(배색천)
0.1
접힘

2.5 **2.6** 2.7 2.8
10.5 **11** 11.5 12
주머니입구천 (배색천)
2.3 **2.4** 2.5 2.6
a
b
0.1
배색천
주머니
a
b

19 페이지 **43**

실물크기 패턴은 **D** 면
※패턴・제도에 시접은 포함되어 있지 않습니다.

● 재료 ●

겉감(코튼 프린트)110cm 폭
90cm **90cm** **100cm** 110cm
배색천(코튼 프린트) 110cm 폭
50cm **60cm** **60cm** 70cm
접착심 30cm 폭
50cm **60cm** **60cm** 70cm
단추 지름 1cm 폭 10개

★밑단천, 주머니 입구천의 실물크기 패턴은 들어있지 않습니다.

● 완성치수
(전체길이)49cm **54.5cm** **60cm** 66.5cm
(소매길이)3.8cm **4.4cm** **5cm** 5.6cm
(가슴둘레)81cm **84cm** **86cm** 94cm

의 부분은 실물크기 패턴을 사용합니다.

8 옆선을 봉합한다

②가름솔한다
①봉합
앞(안)

9. 밑단천을 봉합한다 (No.44)

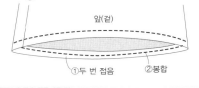

앞(겉)
①두 번 접음
②봉합

10 밑단천을 만들고 달아준다 (No.43)

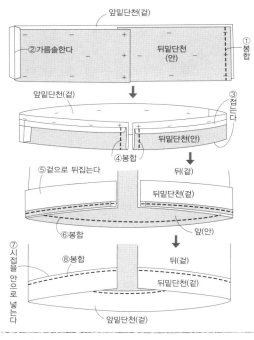

앞밑단천(겉)
②가름솔한다
뒤밑단천(안)
①봉합
앞밑단천(겉)
③접는다
뒤밑단천(안)
④봉합
⑤겉으로 뒤집는다
뒤(겉)
뒤밑단천(겉)
⑥봉합
앞(안)
⑦시접을 안으로 넣는다
⑧봉합
뒤(겉)
뒤밑단천(겉)
앞밑단천(겉)

11 단추 구멍을 만들고, 단추를 달아준다

No.44는 99페이지를 참조
②단추를 달아준다
①단추 구멍을 만든다
뒤(겉)

---

4 어깨선을 봉합한다(99페이지 참조)

5 뒤안단을 달아준다 (No.43)

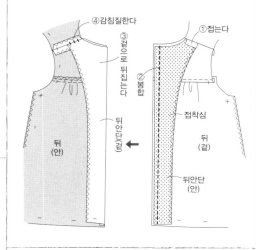

④감침질한다
①접는다
③겉으로 뒤집는다
②봉합
접착심
뒤(안)
뒤안단(겉)
뒤(겉)
뒤안단(안)

6 옷깃둘레를 봉합한다

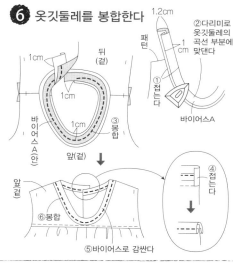

1.2cm
1cm
뒤(겉)
②다리미로 옷깃둘레의 곡선 부분에 맞댄다
1cm
패턴
①접는다
1cm
바이어스A(안)
③봉합
앞(겉)
바이어스A
④접는다
앞(겉)
⑥봉합
⑤바이어스로 감싼다

7 소매를 만들어 달아준다

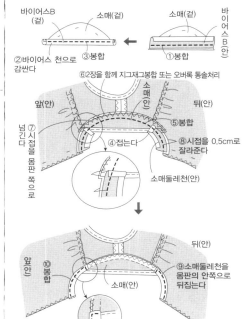

바이어스B(겉)
소매(겉)
소매(겉)
바이어스B(안)
②바이어스 천으로 감싼다
③봉합
①봉합
⑥2장을 함께 지그재그봉합 또는 오버록 통솔처리
앞(안)
소매안
뒤(안)
⑤봉합
넘긴다
⑦시접을 몸판쪽으로
④접는다
⑧시접을 0.5cm로 잘라준다
소매둘레천(안)
뒤(안)
앞(안)
⑩봉합
⑨소매둘레천을 몸판의 안쪽으로 뒤집는다
소매(안)

43·44의 만드는 방법

봉합의 시작과 끝은 되돌아박기를 합니다

● 봉합 시작 전에 ●
① 접착심을 붙인다
② 어깨·옆·안단의 원단 끝에 지그재그봉합제 또는 오버록 처리를 한다

1 주머니를 만들어 달아준다 (No.43)

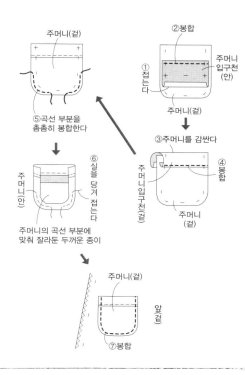

주머니(겉)
②봉합
①접는다
주머니 입구천(안)
주머니(겉)
⑤곡선 부분을 촘촘히 봉합한다
③주머니를 감싼다
주머니(안)
⑥실을 당겨 접는다
④봉합
주머니 입구천(겉)
주머니(겉)
주머니의 곡선 부분에 맞춰 잘라둔 두꺼운 종이
주머니(겉)
앞(겉)
⑦봉합

2 뒤요크를 만든다(No.44·101페이지 참조)

3 요크를 달아준다

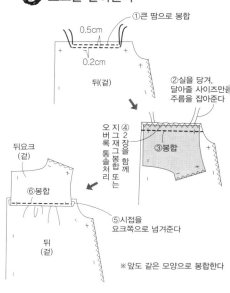

①큰 땀으로 봉합
0.5cm
0.2cm
뒤(겉)
②실을 당겨, 달아줄 사이즈만큼 주름을 잡아준다
③봉합
뒤요크(겉)
④2장을 함께 지그재그봉합 통솔처리 또는 오버록
⑥봉합
⑤시접을 요크쪽으로 넘겨준다
뒤(겉)
※앞도 같은 모양으로 봉합한다

(No.44는 주름을 잡는 방법과 99페이지의 요크다는 방법을 참조)

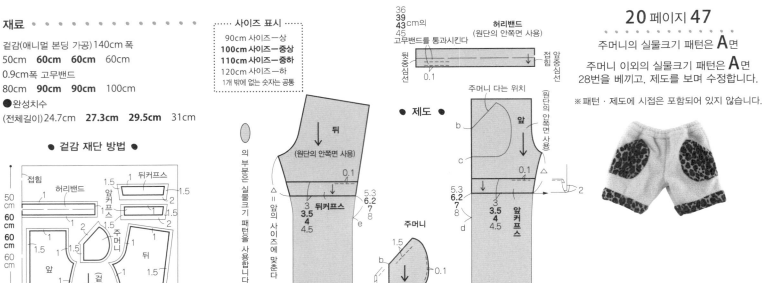

재료

겉감(애니멀 본딩 가공)140cm 폭
50cm **60cm 60cm** 60cm
0.9cm폭 고무밴드
80cm **90cm 90cm** 100cm

●완성치수
(전체길이)24.7cm **27.3cm 29.5cm** 31cm

사이즈 표시
90cm 사이즈―상
100cm 사이즈―중상
110cm 사이즈―중하
120cm 사이즈―하
1개 밖에 없는 숫자는 공통

20 페이지 47
주머니의 실물크기 패턴은 **A**면

주머니 이외의 실물크기 패턴은 **A**면
28번을 베끼고, 제도를 보며 수정합니다.

※ 패턴·제도에 시접은 포함되어 있지 않습니다.

● 겉감 재단 방법 ●

의 부분은 실물크기 패턴을 사용합니다.

△ = 앞의 사이즈에 맞춘다

● 제도 ●

36
39
43cm의
45
고무밴드를 통과시킨다

허리밴드
(원단의 안쪽면 사용)

---

⑤ **허리밴드를 만들어 달아준다**

③ **커프스를 만들어 달아준다**

47의 만드는 방법

봉합의 시작과 끝은 되돌아박기를 합니다

● 봉합 시작 전에 ●
뒤 옆·밑아래·밑위·주머니 입구·
커프스 밑단의 원단 끝에 지그재그봉제
또는 오버록 처리를 한다

❶ **주머니를 만들어 달아준다**

주머니의 곡선 부분에
맞춰 잘라둔 두꺼운
종이

③곡선부분에
큰 땀으로 봉합

⑥시침질한다

❷ **옆선·밑아래선을 봉합한다**

⑥ **고무밴드를 통과시킨다**

④ **밑위선을 봉합한다(86페이지 참조)**

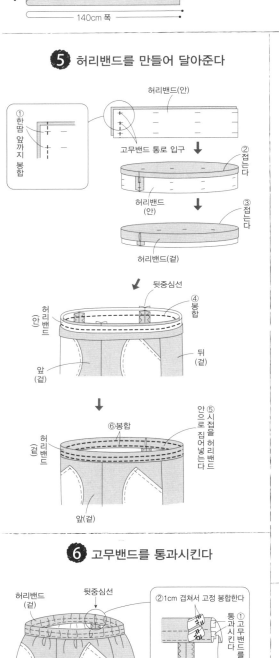
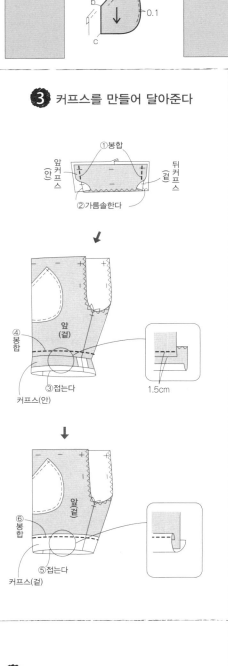
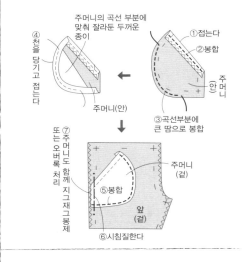
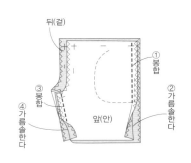

104

● 배색천 재단 방법 ●

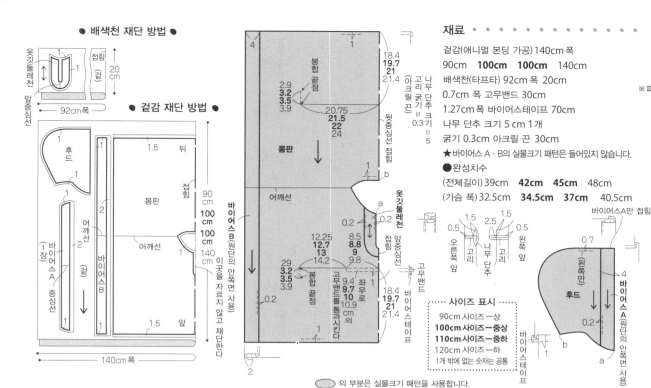

옷깃둘레천 / 앞중심선 / 1 / 접힘 / 겉 / 20 cm / 92cm폭

● 겉감 재단 방법 ●

후드 / 몸판 / 뒤 / 접힘 / 1.5 / 어깨선 / 바이어스B / 바이어스A / 중심선 / 1장 / 몸판 / 앞 / 1.5 / 90cm / 100cm / 100cm / 140cm

바이어스B(원단의 안쪽면 사용) / 이곳을 자르지 않고 재단한다 / 140cm 폭

재료 ●

겉감(애니멀 본딩 가공) 140cm 폭
90cm **100cm 100cm** 140cm
배색천(타프타) 92cm 폭 20cm
0.7cm 폭 고무밴드 30cm
1.27cm 폭 바이어스테이프 70cm
나무 단추 크기 5 cm 1개
굵기 0.3cm 아크릴 끈 30cm
★바이어스 A · B의 실물크기 패턴은 들어있지 않습니다.

● 완성치수
(전체길이) 39cm **42cm 45cm** 48cm
(가슴 폭) 32.5cm **34.5cm 37cm** 40.5cm

사이즈 표시
90cm 사이즈-상
100cm 사이즈-중상
110cm 사이즈-중하
120cm 사이즈-하
1개 밖에 없는 숫자는 공통

몸판 / 뒷중심선 접힘 / 봉합 끝점 / 18.4 **19.7 21** 21.4 / 2.9 **3.2 3.5** 3.9 / 20.75 **21.5 22** 24 / 앞중심선 접힘 / 어깨선 / 옷깃둘레천 / 12.25 **12.7 13** 14.2 / 8.5 **8.8 9** 9.8 / 29 **3.2 3.5** 3.9 / 봉합 끝점 / 9.4 **9.7 10** 10.9 / 좌우로 9.4 9.7 10 10.9 의 고무밴드를 통과시킨다 / 고무밴드 / 바이어스테이프 / 18.4 **19.7 21** 21.4

나무단추 크기 = 5 / 고리 굵기 = 0.3 / 아크릴 끈 굵기 = 0.3 = 5

후드 / (왼쪽)만 / 0.7 / 바이어스A(원단의 안쪽면 사용) / 4 / 바이어스A만 접힘 / 0.2

오른쪽 앞 / 나무단추 / 고리 / 고리 / 왼쪽 앞 / 0.5 / 1.5 / 2.5 / 1.5 / 0.5 / 바이어스테이프

의 부분은 실물크기 패턴을 사용합니다.

---

❺ 밑단 · 끝을 봉합한다

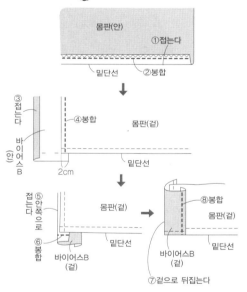

몸판(안) / ①접는다 / ②봉합 / 밑단선

③접는다 / 바이어스B(안) / ④봉합 / 몸판(겉) / 밑단선 / 2cm

⑤접는다(안쪽으로) / 몸판(겉) / 바이어스B(겉) / 밑단선 / ⑥봉합 / ⑦겉으로 뒤집는다 / ⑧봉합 / 몸판(겉) / 바이어스B(겉) / 밑단선

❻ 고무밴드를 통과시킨다(90페이지 참조)

❼ 앞 · 뒤를 고정 봉합한다(90페이지 참조)

❽ 고리 · 단추를 단다

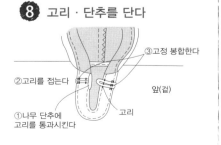

①나무 단추에 고리를 통과시킨다 / ②고리를 접는다 / ③고정 봉합한다 / 앞(겉) / 고리

---

❸ 옷깃둘레천을 만든다

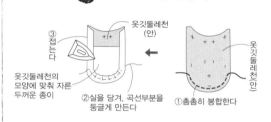

③접는다 / 옷깃둘레천(안) / 옷깃둘레천(안) / 옷깃둘레천의 모양에 맞춰 자른 두꺼운 종이 / ②실을 당겨, 곡선부분을 둥글게 만든다 / ①촘촘히 봉합한다

❹ 옷깃둘레천을 단다

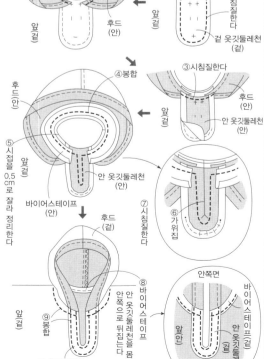

②시침질한다 / 0.5cm / 뒤(겉) / ①시침질한다 / 앞(겉) / 후드(안) / 겉 옷깃둘레천(겉)

③시침질한다 / 후드(안) / ④봉합 / 앞(겉) / 안 옷깃둘레천(안)

후드(안) / 앞(겉) / ⑤시접을 0.5cm로 잘라 정리한다 / 바이어스테이프(안) / 후드(겉) / ⑥가위집

⑦시침질한다 / 안쪽면 / 바이어스테이프(겉) / 안 옷깃둘레천(겉) / 앞(안)

⑧바이어스테이프를 몸판의 안쪽으로 뒤집는다 / ⑨봉합 / 겉 옷깃둘레천(겉) / 후드(겉) / 앞(겉)

46의 만드는 방법

봉합의 시작과 끝은 되돌아박기를 합니다

● 봉합 시작 전에 ●
후드 둘레 · 밑단의 원단 끝에 지그재그 봉제 또는 오버록 처리를 한다

❶ 고무밴드 통로 입구를 만든다 (90페이지 참조)

❷ 후드를 만든다

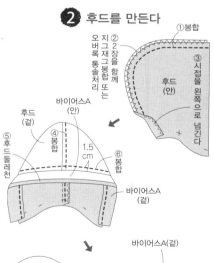

①봉합 / 지그재그 재장을 함께 봉합하고 통솔 처리 또는 오버록 통솔 처리 / ②재장 / ③시접을 왼쪽으로 넘긴다 / 후드(안)

바이어스A(안) / 후드(겉) / ④봉합 / ⑤후드둘레천 / 1.5cm / ⑥봉합 / 바이어스A(겉)

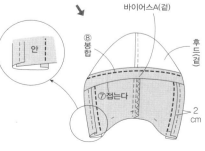

바이어스A(겉) / 안 / ⑧봉합 / 후드(겉) / ⑦접는다 / 2cm

※바이어스는 원단의 안쪽면을 겉으로 해서 사용

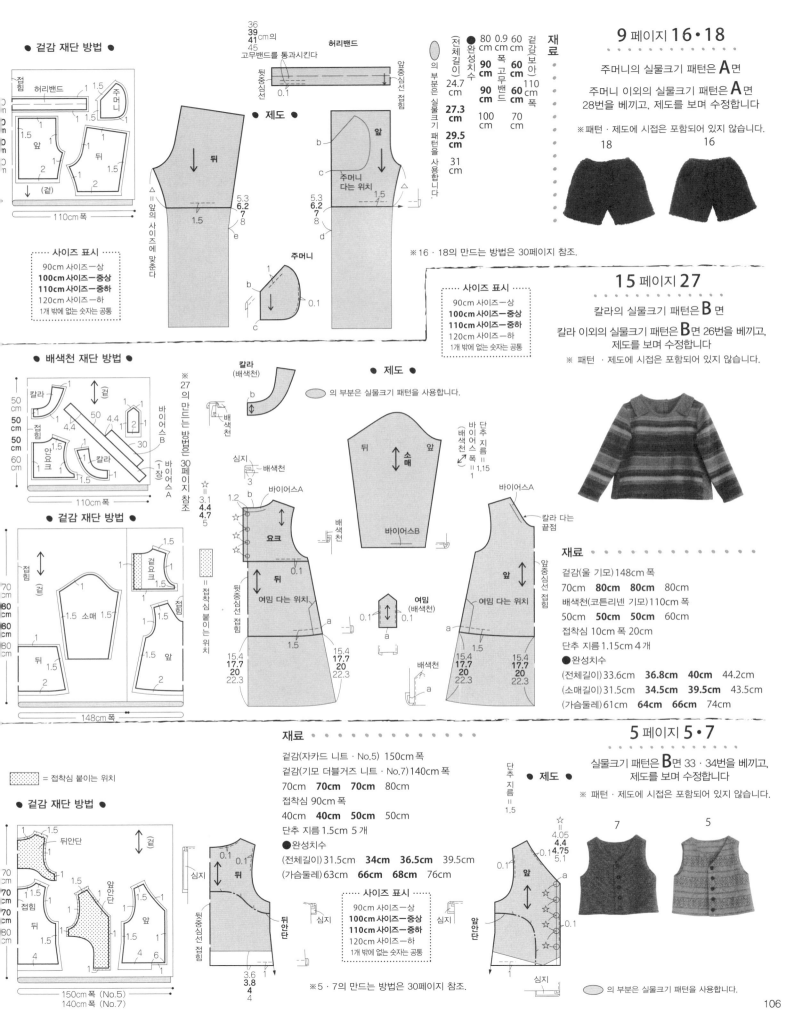

● 겉감 재단 방법 ●

접힘
허리밴드
주머니
1.5
1.5
1.5
앞
1
1
뒤
1.5
1.5
1
2
(겉)
110cm 폭

┌ 사이즈 표시 ┐
90cm 사이즈―상
100cm 사이즈―중상
110cm 사이즈―중하
120cm 사이즈―하
1개 밖에 없는 숫자는 공통

허리밴드

36
39
41cm의
45
고무밴드를 통과시킨다

뒷중심선
0.1
앞중심선 접힘

● 제도 ●

뒤

5.3
6.2
7
8
1.5
e

주머니
b
0.1
c

앞

주머니
다는 위치
1.5

5.3
6.2
7
8
d

※ 16·18의 만드는 방법은 30페이지 참조.

재료

	80 cm	0.9 cm	60 cm	겉감(보아)
90 cm				60 cm 폭 고무밴드
90 cm				60 cm 폭
100 cm	70			110 cm 폭

의 부분은 실물크기 패턴을 사용합니다.

완성치수
(전체길이)
24.7 cm
27.3 cm
29.5 cm
31 cm

┌ 사이즈 표시 ┐
90cm 사이즈―상
100cm 사이즈―중상
110cm 사이즈―중하
120cm 사이즈―하
1개 밖에 없는 숫자는 공통

9 페이지 16·18

주머니의 실물크기 패턴은 **A**면

주머니 이외의 실물크기 패턴은 **A**면 28번을 베끼고, 제도를 보며 수정합니다

※ 패턴·제도에 시접은 포함되어 있지 않습니다.

18   16

● 배색천 재단 방법 ●

50 cm
50 cm
50 cm
60 cm

접힘
칼라
4.4
안요크
칼라
1
바이어스B
바이어스A
(1장)
110cm 폭

※ 27의 만드는 방법은 30페이지 참조

● 겉감 재단 방법 ●

70 cm
80 cm
80 cm
80 cm

접힘
겉요크
1.5
1.5 소매 1.5
뒤
1.5
앞
2
148cm 폭

= 접착심 붙이는 위치

칼라
(배색천)
b

● 제도 ●

의 부분은 실물크기 패턴을 사용합니다.

3.1
4.4
4.7
5

뒤 ↑ 소매 앞

배색천

요크
b
1.2
바이어스A
심지
배색천
3

뒤
여밈 다는 위치
0.1

뒷중심선 접힘

15.4
17.7
20
22.3
1.5

여밈
(배색천)
0.1   0.1
a

단추지름
(배색천폭)
=1.15
1

바이어스A

앞

칼라 다는 끝점

여밈 다는 위치

앞중심선 접힘

15.4 15.4
17.7 **17.7**
20   **20**
22.3 22.3
a

배색천
a

15 페이지 27

칼라의 실물크기 패턴은 **B**면

칼라 이외의 실물크기 패턴은 **B**면 26번을 베끼고, 제도를 보며 수정합니다

※ 패턴·제도에 시접은 포함되어 있지 않습니다.

재료

겉감(울 기모) 148cm 폭
70cm **80cm** **80cm** 80cm
배색천(코튼리넨 기모) 110cm 폭
50cm **50cm** **50cm** 60cm
접착심 10cm 폭 20cm
단추 지름 1.15cm 4 개

● 완성치수
(전체길이) 33.6cm **36.8cm** **40cm** 44.2cm
(소매길이) 31.5cm **34.5cm** **39.5cm** 43.5cm
(가슴둘레) 61cm **64cm** **66cm** 74cm

= 접착심 붙이는 위치

● 겉감 재단 방법 ●

70 cm
70 cm
70 cm
80 cm

뒤안단
1.5
앞안단
접힘
뒤
앞
4
2
4
150cm 폭 (No.5)
140cm 폭 (No.7)

재료

겉감(자카드 니트·No.5) 150cm 폭
겉감(기모 더블거즈 니트·No.7) 140cm 폭
70cm **70cm** **70cm** 80cm
접착심 90cm 폭
40cm **40cm** **50cm** 50cm
단추 지름 1.5cm 5 개

● 완성치수
(전체길이) 31.5cm **34cm** **36.5cm** 39.5cm
(가슴둘레) 63cm **66cm** **68cm** 76cm

┌ 사이즈 표시 ┐
90cm 사이즈―상
100cm 사이즈―중상
110cm 사이즈―중하
120cm 사이즈―하
1개 밖에 없는 숫자는 공통

● 제도 ●

0.1   0.1

심지
뒤
뒷중심선 접힘
뒤안단

심지

3.6
3.8
4
4

단추지름
=1.5

심지

☆
4.05
4.4
4.75
5.1
0.1
0.1
앞
a
0.1
앞안단
심지

※ 5·7의 만드는 방법은 30페이지 참조.

5 페이지 5·7

실물크기 패턴은 **B**면 33·34번을 베끼고, 제도를 보며 수정합니다

※ 패턴·제도에 시접은 포함되어 있지 않습니다.

7   5

의 부분은 실물크기 패턴을 사용합니다.

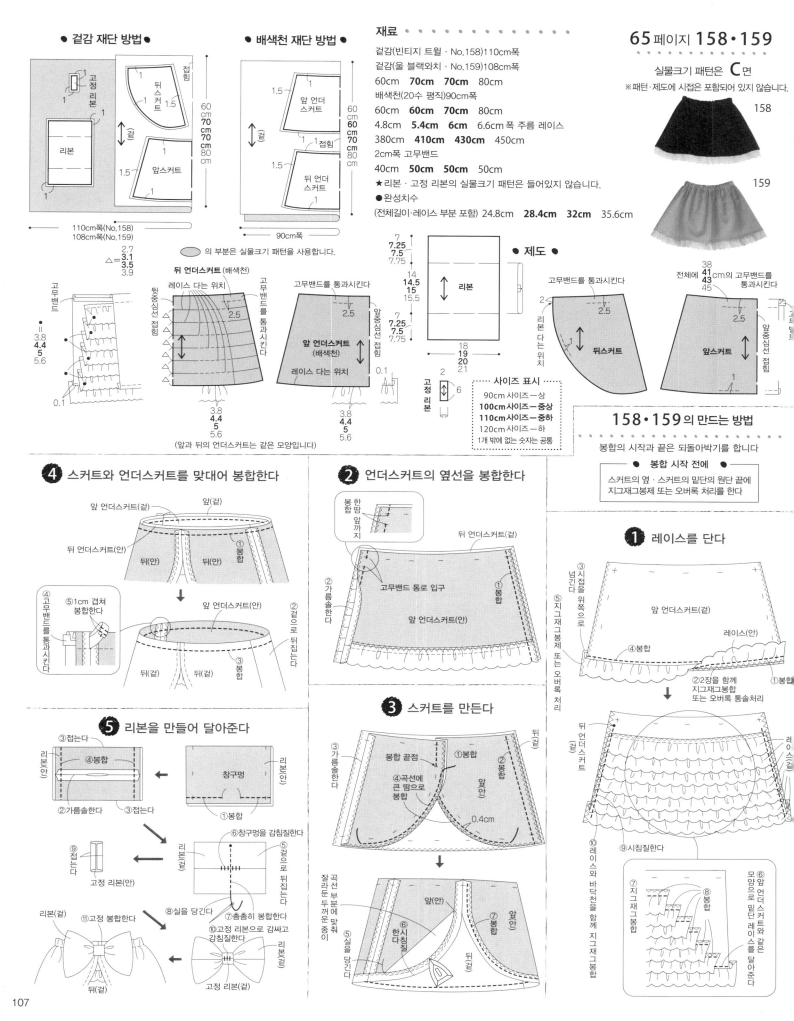

● 겉감 재단 방법 ●

● 배색천 재단 방법 ●

재료

겉감(빈티지 트윌 · No.158)110cm폭
겉감(울 블랙와치 · No.159)108cm폭
60cm **70cm 70cm** 80cm
배색천(20수 평직)90cm폭
60cm **60cm 70cm** 80cm
4.8cm **5.4cm 6cm** 6.6cm 폭 주름 레이스
380cm **410cm 430cm** 450cm
2cm폭 고무밴드
40cm **50cm 50cm** 50cm
★ 리본 · 고정 리본의 실물크기 패턴은 들어있지 않습니다.
● 완성치수
(전체길이·레이스 부분 포함) 24.8cm **28.4cm 32cm** 35.6cm

65 페이지 158·159

실물크기 패턴은 **C**면

※패턴·제도에 시접은 포함되어 있지 않습니다.

158

159

의 부분은 실물크기 패턴을 사용합니다.

● 제도 ●

사이즈 표시

90cm 사이즈 — 상
100cm 사이즈 — 중상
110cm 사이즈 — 중하
120cm 사이즈 — 하
1개 밖에 없는 숫자는 공통

158·159의 만드는 방법

봉합의 시작과 끝은 되돌아박기를 합니다

● 봉합 시작 전에 ●

스커트의 옆 · 스커트의 밑단의 원단 끝에 지그재그봉제 또는 오버록 처리를 한다

④ 스커트와 언더스커트를 맞대어 봉합한다

② 언더스커트의 옆선을 봉합한다

① 레이스를 단다

⑤ 리본을 만들어 달아준다

③ 스커트를 만든다

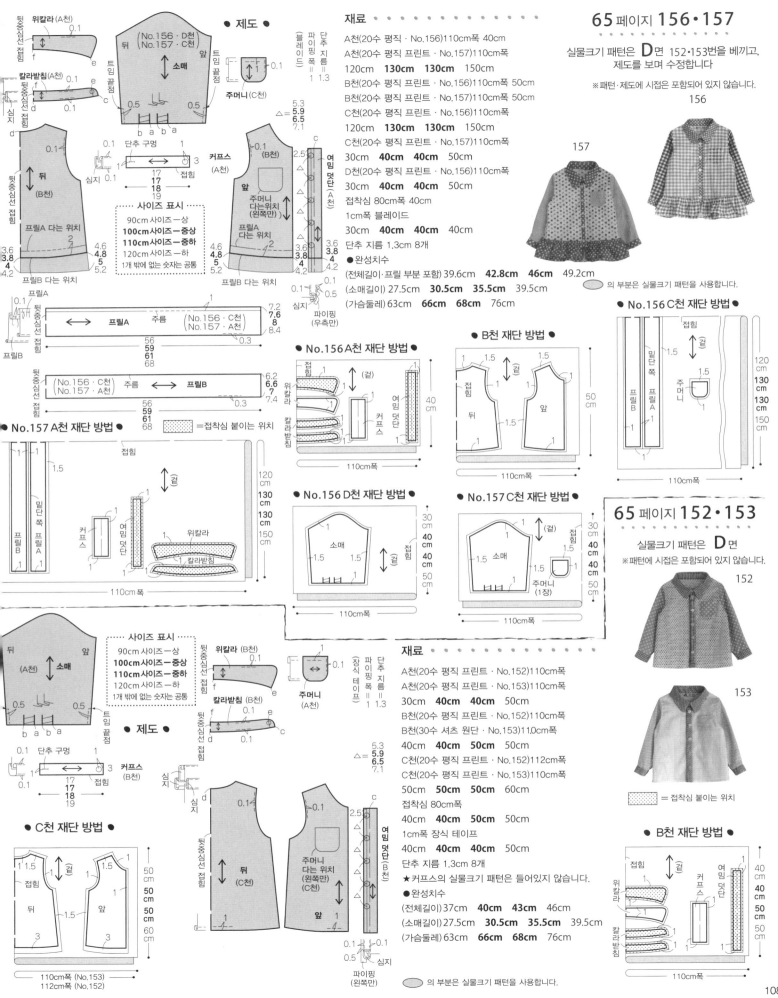

● 제도 ●

위칼라 (A천)

뒤 (No.156·D천) (No.157·C천) 앞

소매

주머니 (C천)

실물크기 패턴은 **D**면 152·153번을 베끼고, 제도를 보며 수정합니다

※패턴·제도에 시접은 포함되어 있지 않습니다.

칼라받침 (A천)

심지

뒤 (B천)

프릴A 다는 위치

프릴B 다는 위치

재료 ●

A천(20수 평직 · No.156)110cm폭 40cm
A천(20수 평직 프린트 · No.157)110cm폭
120cm **130cm 130cm** 150cm
B천(20수 평직 프린트 · No.156)110cm폭 50cm
B천(20수 평직 프린트 · No.157)110cm폭 50cm
C천(20수 평직 프린트 · No.156)110cm폭
120cm **130cm 130cm** 150cm
C천(20수 평직 프린트 · No.157)110cm폭
30cm **40cm 40cm** 50cm
D천(20수 평직 프린트 · No.156)110cm폭
30cm **40cm 40cm** 50cm
접착심 80cm폭 40cm
1cm폭 블레이드
30cm **40cm 40cm** 40cm
단추 지름 1.3cm 8개
● 완성치수
(전체길이·프릴 부분 포함) 39.6cm **42.8cm 46cm** 49.2cm
(소매길이) 27.5cm **30.5cm 35.5cm** 39.5cm
(가슴둘레) 63cm **66cm 68cm** 76cm

단추 구멍

심지

커프스 (A천)

앞

주머니 다는위치 (왼쪽만)

여밈 덧단 (A천)

파이핑 (우측만)

사이즈 표시
90cm 사이즈 — 상
100cm사이즈 — 중상
110cm사이즈 — 중하
120cm 사이즈 — 하
1개 밖에 없는 숫자는 공통

● No.156 C천 재단 방법 ●

밑단 쪽

프릴A

주머니

● No.156 A천 재단 방법 ●

위칼라

칼라받침

커프스

여밈 덧단

프릴A 주름 (No.156 · C천) (No.157 · A천)

프릴B

주름 (No.156 · C천) (No.157 · A천) 프릴B

● B천 재단 방법 ●

뒤

앞

● No.157 A천 재단 방법 ●

프릴B 프릴A

커프스

여밈 덧단

위칼라

칼라받침

● No.156 D천 재단 방법 ●

소매

● No.157 C천 재단 방법 ●

소매

주머니 (1장)

의 부분은 실물크기 패턴을 사용합니다.

실물크기 패턴은 **D**면
※패턴에 시접은 포함되어 있지 않습니다.

= 접착심 붙이는 위치

사이즈 표시
90cm 사이즈 — 상
100cm사이즈 — 중상
110cm사이즈 — 중하
120cm 사이즈 — 하
1개 밖에 없는 숫자는 공통

뒤 (A천) 앞 소매

위칼라 (B천)

칼라받침 (B천)

주머니 (A천)

장식 테이프

파이핑 폭 = 1 1.3

단추 지름 = 1 1.3

● 제도 ●

단추 구멍

커프스 (B천)

심지

재료 ●

A천(20수 평직 프린트 · No.152)110cm폭
A천(20수 평직 프린트 · No.153)110cm폭
30cm **40cm 40cm** 50cm
B천(20수 평직 프린트 · No.152)110cm폭
B천(30수 셔츠 원단 · No.153)110cm폭
40cm **40cm 50cm** 50cm
C천(20수 평직 프린트 · No.152)112cm폭
C천(20수 평직 프린트 · No.153)110cm폭
50cm **50cm 50cm** 60cm
접착심 80cm폭
40cm **40cm 50cm** 50cm
1cm폭 장식 테이프
40cm **40cm 40cm** 50cm
단추 지름 1.3cm 8개
★커프스의 실물크기 패턴은 들어있지 않습니다.
● 완성치수
(전체길이) 37cm **40cm 43cm** 46cm
(소매길이) 27.5cm **30.5cm 35.5cm** 39.5cm
(가슴둘레) 63cm **66cm 68cm** 76cm

● C천 재단 방법 ●

뒤

앞

뒤 (C천)

주머니 다는 위치 (왼쪽만) (C천)

앞

여밈 덧단 (B천)

파이핑 (왼쪽만)

심지

110cm폭 (No.153)
112cm폭 (No.152)

● B천 재단 방법 ●

위칼라

커프스

여밈 덧단

칼라받침

의 부분은 실물크기 패턴을 사용합니다.

⑨ 프릴A를 단다(No.156 · 157)

옆선
앞(겉)
②봉합
겉(걸)
프릴A
①실을 당겨 주름을 잡고, 맞춤점에 맞춘다

⑩ 칼라를 만들어 달아준다

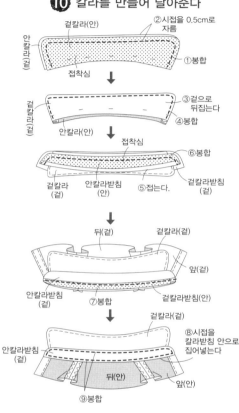

겉칼라(안)
②시접을 0.5cm로 자름
안칼라(겉)
①봉합
접착심
겉칼라(겉)
③겉으로 뒤집는다
안칼라(안)
④봉합
접착심
⑥봉합
겉칼라받침
(겉)
안칼라받침
(안)
⑤접는다.
뒤(겉)
겉칼라(겉)
앞(겉)
안칼라받침
(겉)
⑦봉합
겉칼라받침
(안)
안칼라받침
(겉)
⑧시접을 칼라받침 안으로 집어넣는다
뒤(안)
앞(안)
⑨봉합

⑪ 단추 구멍을 만들고, 단추를 달아준다

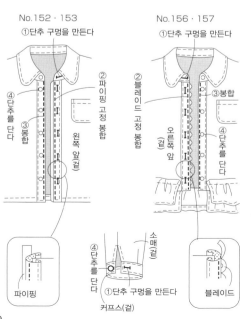

No.152 · 153
①단추 구멍을 만든다
②파이핑 고정 봉합
④단추를 단다
③봉합
왼쪽 앞(겉)

No.156 · 157
①단추 구멍을 만든다
②블레이드 고정 봉합
③봉합
오른쪽 앞
⑤단추를 단다

파이핑
④단추를 단다
①단추 구멍을 만든다
소매(겉)
커프스(겉)
블레이드

⑤ 커프스를 만들어 달아준다

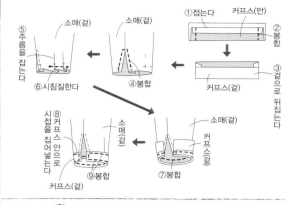

소매(겉)
①접는다
커프스(안)
②봉합
소매(겉)
③겉으로 뒤집는다
커프스(겉)
⑤주름을 잡는다
소매(겉)
⑥시침질한다
⑧시접을 커프스를 집어넣는다
소매(겉)
커프스(겉)
⑨봉합
커프스(겉)
⑦봉합

⑥ 프릴을 만든다(No.156 · 157)

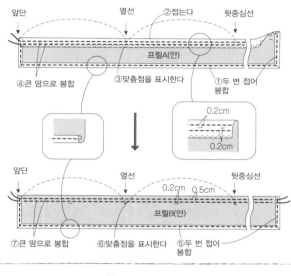

앞단
옆선
②접는다
뒷중심선
④큰 땀으로 봉합
프릴A(안)
③맞춤점을 표시한다
①두 번 접어 봉합
0.2cm
0.2cm

앞단
옆선
뒷중심선
0.2cm 0.5cm
프릴B(안)
⑦큰 땀으로 봉합
⑥맞춤점을 표시한다
⑤두 번 접어 봉합

⑦ 밑단을 봉합한다

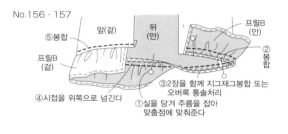

No.156 · 157
⑤봉합
앞(겉)
뒤(안)
프릴B(안)
②봉합
프릴B(겉)
④시접을 위쪽으로 넘긴다
③2장을 함께 지그재그봉합 또는 오버록 통솔처리
①실을 당겨 주름을 잡아 맞춤점에 맞춰준다

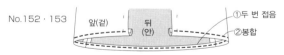

No.152 · 153
앞(겉)
뒤(안)
①두 번 접음
②봉합

⑧ 여밈 덧단을 단다

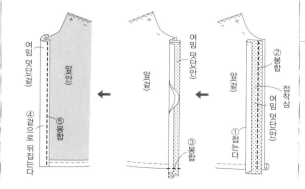

여밈 덧단(겉)
앞(안)
④겉으로 뒤집는다
⑤봉합
여밈 덧단(안)
앞(겉)
여밈 덧단(안)
앞(겉)
②봉합
접착심
여밈 덧단(안)
①접는다
③봉합

152 · 153 · 156 · 157의 만드는 방법

봉합의 시작과 끝은 되돌아박기를 합니다

● 봉합 시작 전에 ●
①접착심을 붙인다
②어깨·옆·소매 아래·주머니 입구의 원단 끝에 지그재그봉제 또는 오버록 처리를 한다

❶ 주머니를 만들어 달아준다

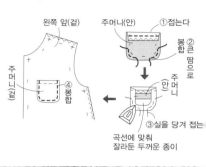

왼쪽 앞(겉)
주머니(안)
①접는다
②봉합
주머니(겉)
③큰 땀으로
주머니(겉)
④봉합
주머니
안
③실을 당겨 접는다
곡선에 맞춰 잘라둔 두꺼운 종이

❷ 어깨선을 봉합한다

①봉합
②가름솔한다
앞(안)
앞(안)
뒤(겉)

❸ 소매를 달아준다

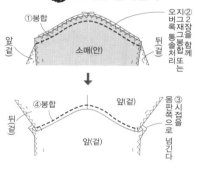

①봉합
오지 버그 록 재장 그봉솔합처 리께 리나 또는
앞(겉)
소매(안)
뒤(겉)
④봉합
앞(겉)
뒤(겉)
②시접을 몸판쪽으로 넘긴다
앞(겉)

❹ 소매 아랫선부터 이어서 옆선을 봉합한다

소매(안)
①봉합
앞(겉)
②가름솔한다
뒤(겉)
트임 끝점

● A천 재단 방법 ●

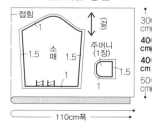

접힘
겉
소매
주머니(1장)
30cm
40cm
40cm
50cm
1.5
1.5
1
110cm폭

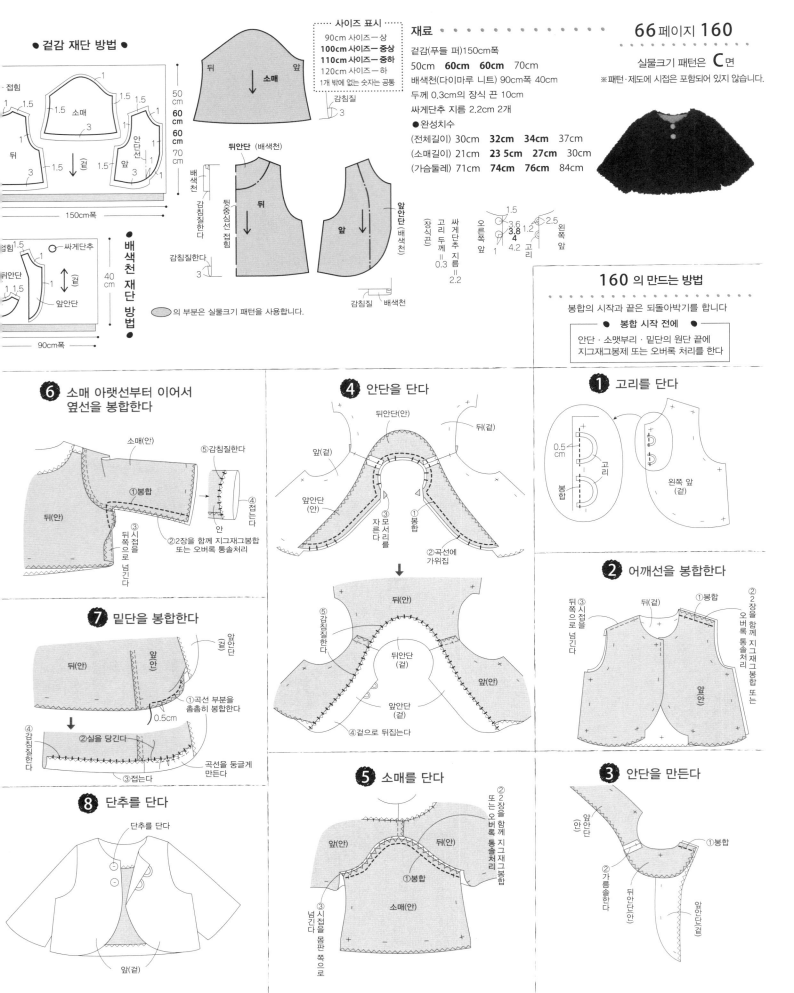

● 겉감 재단 방법 ●

소매

뒤   앞

● 사이즈 표시 ·····
90cm 사이즈─상
100cm 사이즈─중상
110cm 사이즈─중하
120cm 사이즈─하
1개 밖에 없는 숫자는 공통

재료 ● · · · · · · · · ·
겉감(푸들 퍼)150cm폭
50cm **60cm 60cm** 70cm
배색천(다이마루 니트) 90cm폭 40cm
두께 0.3cm의 장식 끈 10cm
싸게단추 지름 2.2cm 2개
● 완성치수
(전체길이) 30cm **32cm 34cm** 37cm
(소매길이) 21cm **23 5cm 27cm** 30cm
(가슴둘레) 71cm **74cm 76cm** 84cm

150cm폭

싸게단추

배색천 재단 방법

40cm

90cm폭

뒤안단 (배색천)

뒤

앞안단
(배색천)

감침질한다
3

감침질한다
3

감침질 배색천

의 부분은 실물크기 패턴을 사용합니다.

160 의 만드는 방법
봉합의 시작과 끝은 되돌아박기를 합니다

● 봉합 시작 전에 ●
안단·소맷부리·밑단의 원단 끝에
지그재그봉제 또는 오버록 처리를 한다

6 소매 아랫선부터 이어서
옆선을 봉합한다

소매(안)
⑤감침질한다
①봉합
뒤(안)
③시접을 뒤쪽으로 넘긴다
②2장을 함께 지그재그봉합 또는 오버록 통솔처리
④접는다
안

7 밑단을 봉합한다

뒤(안)   앞안단
(겉)
①곡선 부분을 촘촘히 봉합한다
0.5cm
④감침질한다
②실을 당긴다
③접는다
곡선을 둥글게 만든다

8 단추를 단다

단추를 단다

앞(겉)

4 안단을 단다

뒤안단(안)
앞(겉)   뒤(겉)
앞안단(안)
③자모른서리를
①봉합
②곡선에 가위집

뒤(안)
⑤감침질한다
뒤안단(겉)
앞안단(겉)
④겉으로 뒤집는다

5 소매를 단다

②2장을 함께 지그재그봉합 또는 오버록 통솔처리
앞(안)   뒤(안)
①봉합
소매(안)
③시접을 몸판쪽으로 넘긴다

1 고리를 단다

0.5cm
고리
봉합
왼쪽 앞
(겉)

2 어깨선을 봉합한다

뒤(겉)
①봉합
③시접을 뒤쪽으로 넘긴다
②2장을 함께 오버록 통솔처리 또는 지그재그봉합
앞(안)

3 안단을 만든다

앞안단
(안)
①봉합
②가름솔한다
뒤안단(안)
앞안단(겉)

110

● 배색천 재단 방법 ●

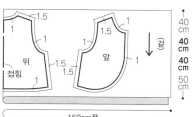

1.5

40cm
40cm
40cm
50cm

뒤
접힘

앞

걸

150cm폭

걸감 재단 방법

접힘

앞

뒤

싸게단추

60cm
60cm
60cm
70cm

92cm폭

● 사이즈 표시 ●

90cm 사이즈—상
100cm 사이즈—중상
110cm 사이즈—중하
120cm 사이즈—하
1개 밖에 없는 숫자는 공통

재료

겉감(푸들 퍼)150cm폭
40cm 40cm 40cm 50cm
배색천(다이마루 니트)92cm폭
60cm 60cm 60cm 70cm
두께 0.3cm의 장식 끈 10cm
싸게단추 지름 2.2cm 2개

●완성치수
(전체길이) 30cm 32cm 34cm 37cm
(가슴둘레) 71cm 74cm 76cm 84cm

싸게단추 지름 = 2.2
고리 두께 = 0.3

오른쪽 앞
1.5 2.5 왼쪽 앞
3.6 고
3.8 리
4 1.2
4.2

뒷중심선 접힘

배색천

뒤

배색천

앞

배색천

의 부분은 실물크기 패턴을 사용합니다.

실물크기 패턴은 C면
※패턴·제도에 시접은 포함되어 있지 않습니

162의 만드는 방법
봉합의 시작과 끝은 되돌아박기를 합니다

① 고리를 단다
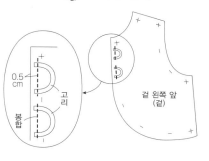

② 어깨선을 봉합한다
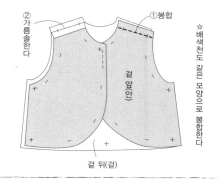
☆배색천도 같은 모양으로 봉합한다

⑤ 밑단을 봉합하고, 겉으로 뒤집는다
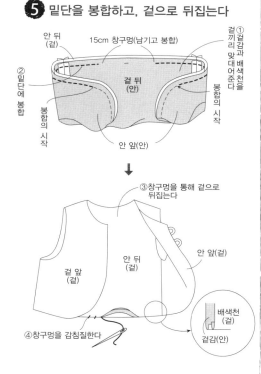

④ 옆선을 봉합한다
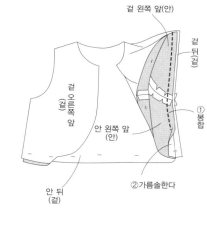

③ 겉감과 배색천을 맞춰 봉합한다
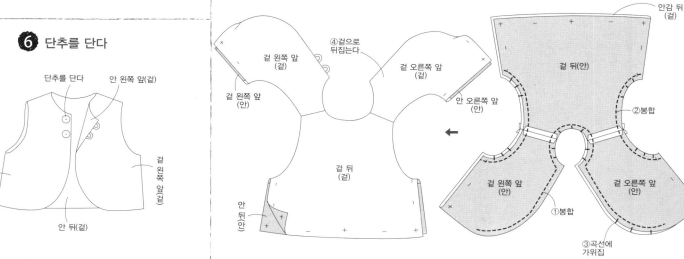

⑥ 단추를 단다

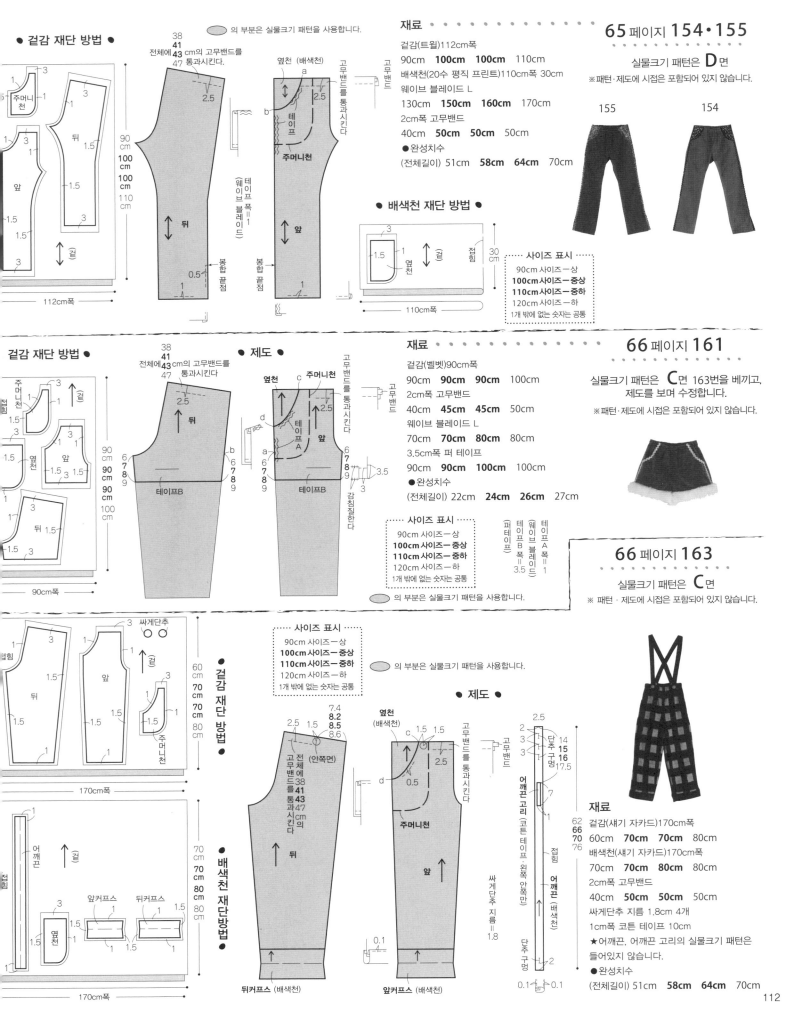

● 겉감 재단 방법 ●

의 부분은 실물크기 패턴을 사용합니다.

주머니천

앞

112cm폭

38
41
43
47
전체에 cm의 고무밴드를 통과시킨다.

2.5

뒤

봉합 끝점

0.5
1

옆천 (배색천)
a
2.5
b
테이프
주머니천
봉합 끝점
앞
1

웨이브 블레이드
테이프폭=1

고무밴드를 통과시킨다

고무밴드

● 배색천 재단 방법 ●

3
1
1.5
옆천
겉
접힘
30cm

110cm폭

65 페이지 **154·155**

실물크기 패턴은 **D**면

※패턴·제도에 시접은 포함되어 있지 않습니다.

155   154

● 재료 ●

겉감(트윌)112cm폭
90cm **100cm 100cm** 110cm
배색천(20수 평직 프린트)110cm폭 30cm
웨이브 블레이드 L
130cm **150cm 160cm** 170cm
2cm폭 고무밴드
40cm **50cm 50cm** 50cm
●완성치수
(전체길이) 51cm **58cm 64cm** 70cm

┌ **사이즈 표시** ┐
90cm 사이즈 — 상
100cm 사이즈 — 중상
110cm 사이즈 — 중하
120cm 사이즈 — 하
1개 밖에 없는 숫자는 공통
└─────────┘

겉감 재단 방법 ●

주머니천
접힘
겉
1.5
옆천
앞
1.5
1.5
뒤 1.5
1.5
90cm
90cm
90cm
100cm

90cm폭

38
41
43
47
전체에 cm의 고무밴드를 통과시킨다

2.5
뒤
6789
테이프B

● 제도 ●

옆천
주머니천
c
테이프A
d
a
앞
2.5
6789
테이프B
6789
감침질한다
3
3.5

고무밴드를 통과시킨다

고무밴드

┌ **사이즈 표시** ┐
90cm 사이즈 — 상
100cm 사이즈 — 중상
110cm 사이즈 — 중하
120cm 사이즈 — 하
1개 밖에 없는 숫자는 공통
└─────────┘

의 부분은 실물크기 패턴을 사용합니다.

● 재료 ●

겉감(벨벳)90cm폭
90cm **90cm 90cm** 100cm
2cm 고무밴드
40cm **45cm 45cm** 50cm
웨이브 블레이드 L
70cm **70cm 80cm** 80cm
3.5cm폭 퍼 테이프
90cm **90cm 100cm** 100cm
●완성치수
(전체길이) 22cm **24cm 26cm** 27cm

테이프A폭=1 (퍼테이프)
테이프B폭=3.5
웨이브 블레이드 L

66 페이지 **161**

실물크기 패턴은 **C**면 163번을 베끼고, 제도를 보며 수정합니다.

※패턴·제도에 시접은 포함되어 있지 않습니다.

66 페이지 **163**

실물크기 패턴은 **C**면

※ 패턴·제도에 시접은 포함되어 있지 않습니다.

3
싸게단추
3
○ ○

뒤
겉
1.5
앞
1.5
주머니천
1

60cm
70cm
70cm
80cm

겉감 재단 방법 ●

170cm폭

1
어깨끈
접힘
겉

옆천

앞커프스
뒤커프스
1.5
1.5
1.5
1.5

170cm폭

70cm
70cm
80cm
80cm

배색천 재단방법 ●

┌ **사이즈 표시** ┐
90cm 사이즈 — 상
100cm 사이즈 — 중상
110cm 사이즈 — 중하
120cm 사이즈 — 하
1개 밖에 없는 숫자는 공통
└─────────┘

의 부분은 실물크기 패턴을 사용합니다.

● 제도 ●

7.4
8.2
8.5
8.6
2.5
1.5

고무밴드를 전체에 38 41 43 47 cm 의 통과시킨다

뒤

옆천 (배색천)
c
1.5
1.5
d
0.5
주머니천
앞

고무밴드를 통과시킨다

고무밴드

2.5
2
3
단추 구멍
14
15
16
17.5
7
접힘
어깨끈 (배색천)

어깨끈 고리 (코튼 테이프·왼쪽 안쪽)

싸게단추 지름=1.8

62
66
70
76

70cm
70cm
80cm
80cm

뒤커프스 (배색천)

0.1
0.1
0.1

앞커프스 (배색천)

단추 구멍
2

● 재료 ●

겉감(샤기 자카드)170cm폭
60cm **70cm 70cm** 80cm
배색천(샤기 자카드)170cm폭
70cm **70cm 80cm** 80cm
2cm폭 고무밴드
40cm **50cm 50cm** 50cm
싸게단추 지름 1.8cm 4개
1cm폭 코튼 테이프 10cm

★어깨끈, 어깨끈 고리의 실물크기 패턴은 들어있지 않습니다.

●완성치수
(전체길이) 51cm **58cm 64cm** 70cm

봉합의 시작과 끝은 되돌아박기를 합니다

● 봉합 시작 전에 ●

뒤·옆·허리·밑위·밑아래·주머니천·옆천·No.161밑단의 원단 끝에 지그재그 봉제 또는 오버록 처리를 한다

❶ 블레이드를 달아준다
(No.154·155·161)

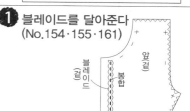

블레이드(겉)
봉합
앞(겉)

❷ 주머니를 만든다

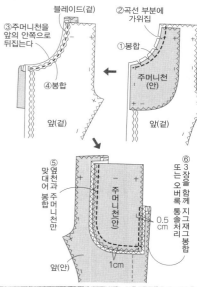

블레이드(겉)
②곡선 부분에 가위집
③주머니천을 앞의 안쪽으로 뒤집는다
①봉합
주머니천(안)
앞(겉)

④봉합
⑤옆천과 맞대어 봉합
옆천과 주머니천만
주머니천(안)
⑥또는 3장을 함께 지그재그봉합 또는 오버록 통솔 처리
0.5cm
1cm
앞(안)

❸ 옆선을 봉합한다

No.154·155

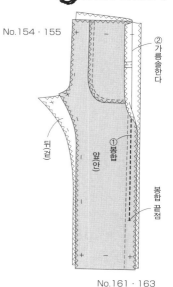

②가름솔한다
뒤(겉)
①봉합
앞(안)
봉합 끝점

No.161·163

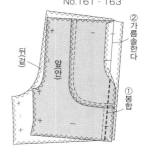

②가름솔한다
뒤(겉)
앞(안)
①봉합

---

❹ 슬릿(Slit)을 봉합한다(No.154·155만)

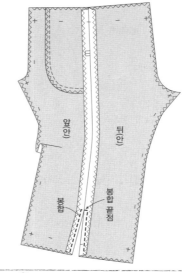

앞(안)
뒤(안)
봉합
봉합 끝점

❺ 밑아래선을 봉합한다

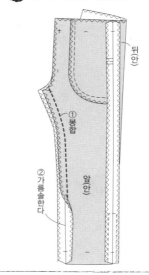

뒤(안)
①봉합
②가름솔한다
앞(안)

❻ 밑단을 봉합한다(No.154·155·161)

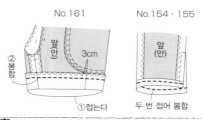

No.161
②봉합
앞(안)
3cm
①접는다

No.154·155
앞(안)
두 번 접어 봉합

❼ 커프스를 만들어 달아준다(No.163)

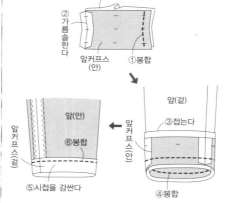

뒤커프스(겉)
②가름솔한다
앞커프스(안)
①봉합

앞(겉)
③접는다
앞커프스(안)
④봉합

앞(안)
앞커프스(안)
앞커프스(겉)
⑥봉합
⑤시접을 감싼다

---

❽ 밑위선을 봉합한다

0.5cm
앞표까지보다 봉합한 땀
고무밴드 통로 입구

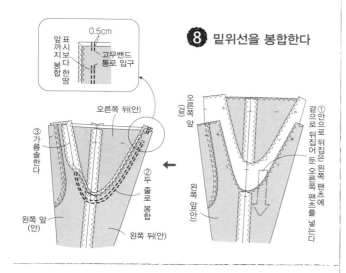

오른쪽 뒤(안)
③가름솔한다
왼쪽 앞(안)
왼쪽 뒤(안)

오른쪽 앞(겉)
①겉과 안으로 뒤집어 둔 오른쪽 팬츠에 왼쪽 팬츠를 넣는다
②두 줄로 봉합
왼쪽 앞(안)

❾ 허리를 봉합하고, 고무밴드를 통과시킨다

④1cm 겹쳐 봉합한다

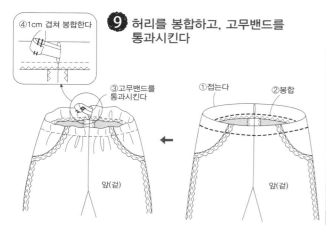

③고무밴드를 통과시킨다
①접는다
②봉합
앞(겉)
앞(겉)

❿ 밑단에 퍼 테이프를 달아준다(No.161만)

퍼 테이프(안)
①봉합
②가름솔한다
퍼 테이프(겉)
③밑단에 퍼 테이프를 감침질해준다

⓫ 어깨끈을 만들어 달아준다(No.163만)

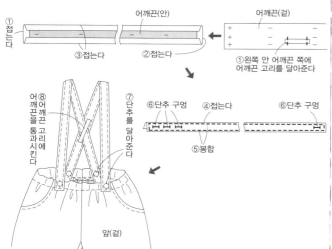

①접는다
어깨끈(안)
어깨끈(겉)
②접는다
③접는다
①왼쪽 안 어깨끈 쪽에 어깨끈 고리를 달아준다

⑧어깨끈을 어깨끈 고리에 통과시킨다
⑦단추를 달아준다
⑥단추 구멍
④접는다
⑥단추 구멍
⑤봉합
앞(겉)

● 겉감·배색천 재단 방법 ●

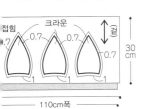

접힘 크라운 0.7 0.7 0.7
1 1 1
30cm 겉
110cm폭

사이즈 표시(머리 둘레)
50cm 사이즈—상
52cm 사이즈— 중
54cm 사이즈—하
1개 밖에 없는 숫자는 공통

● 제도 ●

밴드 (바이어스테이프)
1.5
25.5
26.7
27.6

털방울 다는 위치
안크라운 겉크라운
배색천 모자 전용 밴드 바이어스테이프
안크라운 (배색천·6장)
겉크라운 (겉감·6장)

재료
겉감(20수 평직 프린트)110cm폭 30cm
배색천(20수 평직)110cm폭 30cm
2.5cm폭 모자 전용 밴드 60cm
1.1cm폭 바이어스테이프 60cm
굵은 털실 약 1200cm
★밴드의 실물크기 패턴은 들어있지 않습니다.

의 부분은 실물크기 패턴을 사용합니다.

67 페이지 **169**

실물크기 패턴은 **C**면
※패턴·제도에 시접은 포함되어 있지 않습니다.

---

5 밴드를 달아준다

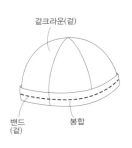

겉크라운(겉)
밴드(겉)
봉합

6 모자 전용 밴드를 달아준다

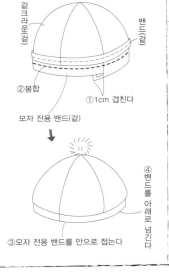

겉크라운(겉)
밴드(겉)
②봉합
①1cm 겹친다
모자 전용 밴드(겉)
③모자 전용 밴드를 안으로 접는다
④밴드를 아래로 넘긴다

3 겉크라운과 안크라운을 포갠다

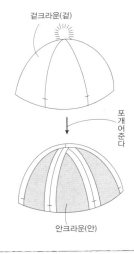

겉크라운(겉)
포개어준다
안크라운(안)

4 밴드를 만든다

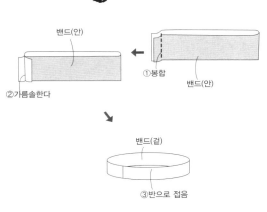

밴드(안)
①봉합
②가름솔한다
밴드(겉)
③반으로 접음

169 의 만드는 방법

봉합의 시작과 끝은 되돌아박기를 합니다

1 겉크라운을 맞대어 봉합한다 (안크라운도 같은 모양)

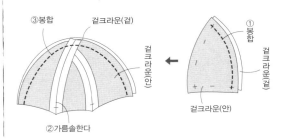

③봉합
겉크라운(겉)
겉크라운(안)
②가름솔한다
①봉합
겉크라운(겉)
겉크라운(안)

2 털방울을 만들어 달아준다

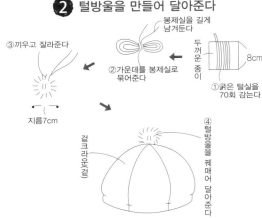

봉제실을 길게 남겨둔다
③끼우고 잘라준다
②가운데를 봉제실로 묶어준다
두꺼운 종이
8cm
①굵은 털실을 70회 감는다
지름7cm
겉크라운(겉)
④털방울을 꿰매어 달아준다

166~168 의 만드는 방법

봉합의 시작과 끝은 되돌아박기를 합니다

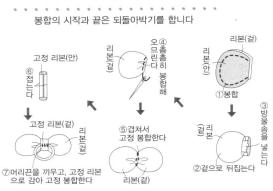

고정 리본(안)
⑥접는다
리본(겉)
리본(겉)
④오므린촘촘히 봉합해
고정 리본(겉)
리본(겉)
⑤겹쳐서 고정 봉합한다
①봉합
리본(안)
걸린 투본
②겉으로 뒤집는다
③방울솜을 넣는다
⑦머리끈을 끼우고, 고정 리본으로 감아 고정 봉합한다

고정 리본

0.5
0.7 0.7
0.5
No.167 (C천·1장)
No.168 (A천·1장)
No.166 (B천·1장)

재료
A·B천(40수 평직·No.167)각 20cm폭 10cm
C천(40수 평직·No.167)10cm폭 10cm
A천(40수 평직·No.168)각 40cm폭 10cm
A천(40수 평직·No.166)각 30cm폭 10cm
B천(40수 평직·No.166)각 10cm폭 10cm
방울솜 약간
머리끈 1개

리본
No.167 (A천 B천·각 2장)
0.7
No.166·168 (A천·4장)
방울솜

67 페이지 **166~168**

실물크기 패턴은 **D**면

※패턴에 시접은 포함되어 있지 않습니다.
□둘레의 숫자는 시접입니다. 지정되지 않은 곳은 모두 1cm의 시접을 더해 재단합니다.

167 166

168

의 부분은 실물크기 패턴을 사용합니다.

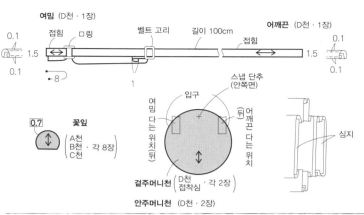

여밈 (D천·1장)
접힘　□링　벨트 고리　길이 100cm　**어깨끈** (D천·1장)　접힘
0.1　1.5　0.1　　0.1　1.5　0.1
8　1
0.7
꽃잎　A천　B천·각 8장　C천

입구　스냅 단추(안쪽면)
여밈　여밈 다는 위치(뒤)　어깨끈 다는 위치(뒤)
걸주머니천 (D천 접착심·각 2장)
안주머니천 (D천·2장)
심지

재료

A~C천(40수 평직)각 60cm폭 10cm
D천(40수 평직)60cm폭 20cm
접착심 60cm폭 20cm
1.8cm폭 벨트 고리 1개
1.8cm폭 □링 1개
스냅 단추 지름 1cm 1개
★여밈·어깨끈의 실물크기 패턴은 들어있지 않습니다.
●완성치수
지름 21cm

[회색 타원] 의 부분은 실물크기 패턴을 사용합니다.
[점무늬] =접착심 붙이는 위치

170의 만드는 방법

봉합의 시작과 끝은 되돌아박기를 합니다
● 봉합 시작 전에 ●
접착심을 붙인다

① 꽃잎을 만들어 달아준다

③겉으로 뒤집는다
꽃잎(안)
②봉합
①봉합
가위집
꽃잎(겉)
꽃잎(겉)
꽃잎(겉)
0.8cm
겉 앞주머니천(겉)
④봉합

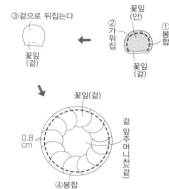

---

⑤ 어깨끈·여밈을 만들어 달아준다

②접는다
①접는다
③봉합
어깨끈(겉)
어깨끈(겉)

⑦□링에 통과시킨다
어깨끈(겉)
⑤접는다
⑥봉합
④벨트 고리에 통과시킨다

여밈(겉)　어깨끈(겉)
⑨여밈을 □링에 통과시킨다
⑧벨트 고리에 통과시킨다

앞주머니천을 젖힌다
⑩접는다
⑪접는다
⑫봉합
1
겉 뒷주머니천(겉)

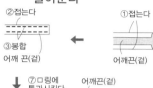
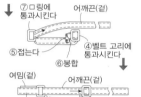

③ 주머니천을 맞대어 봉합한다

③가위집
①봉합
꽃잎(겉)
겉 뒷주머니천(안)
안 뒷주머니천(안)
주머니 입구 끝점
주머니 입구 끝점
8cm 창구멍을 남기고 봉합한다
②봉합
안 앞주머니천(겉)

④ 창구멍을 감침질한다

③스냅 단추를 달아준다
주머니 입구
안주머니천(겉)
①겉으로 뒤집는다
②창구멍을 감침질한다

② 주머니 입구를 봉합한다

겉주머니천(겉)
①봉합
②가위집
입구
안주머니천(안)
③겉으로 뒤집는다
안 앞주머니천(겉)

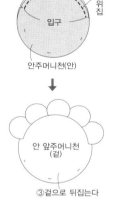

147의 만드는 방법

봉합의 시작과 끝은 되돌아박기를 합니다

어깨끈 (니트 가방 테이프)
0
5
95
b　a

56 페이지 **147**

실물크기 패턴은 들어있지 않습니다
※제도에 시접은 포함되어 있지 않습니다.
□둘레의 숫자는 시접입니다. 지정되지 않은 곳은 모두 1cm의 시접을 더해 재단합니다.

① 겉주머니천의 옆선을 봉합한다 (안주머니천도 같은 모양)

④가름솔한다
③봉합
겉주머니천(안)
②끼네운임 라벨을
①접는다

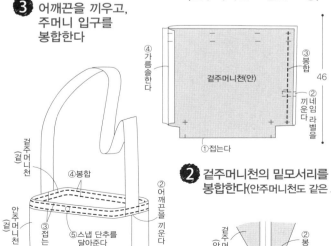

③ 어깨끈을 끼우고, 주머니 입구를 봉합한다

겉주머니천(겉)
④봉합
안주머니천(겉)
③접는다
⑤스냅 단추를 달아준다
②어깨끈을 끼운다
①겉주머니천과 안주머니천을 포개어 겹쳐준다

② 겉주머니천의 밑모서리를 봉합한다(안주머니천도 같은 모양)

겉주머니천(안)
②봉합
①바닥 중앙과 옆의 솔기를 맞춰준다
스냅 단추의 지름 = 1.3

스냅 단추(안쪽면)
0.5
어깨끈 다는 위치
어깨끈 다는 위치
b　a
2　4.5　0.5
겉주머니천 (겉감·1장)
안주머니천 (배색천·1장)
2.5　7.5
끼반네운임 라벨을 접벨어
배색천
밑모서리　밑모서리
접힘
8　8　8　8
56
46

재료

겉감(11수 캔버스)60cm폭 110cm
배색천(40수 평직 도트프린트)60cm폭 100cm
스냅 단추 지름 1.3cm 1쌍
5cm폭 니트 가방 테이프 100cm
네임 라벨 1장
●완성치수
세로 38cm× 가로 40cm× 밑모서리 16cm

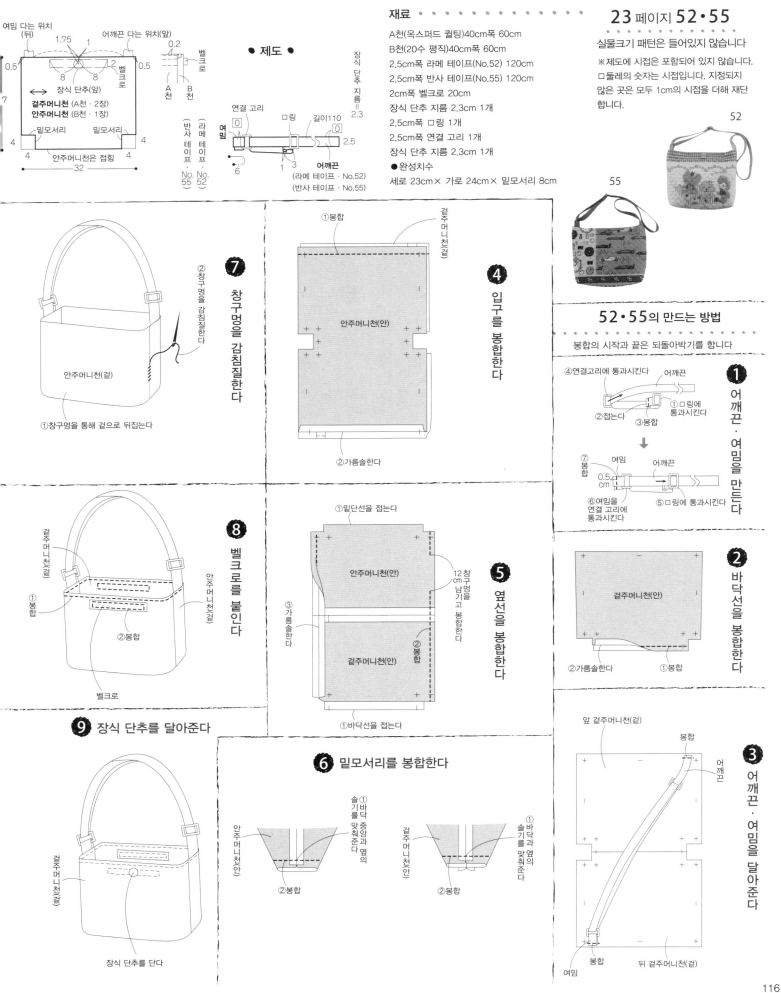

재료 • • • • • • • • • • • • •

A천(옥스퍼드 퀼팅)40cm폭 60cm

B천(20수 평직)40cm폭 60cm

2.5cm폭 라메 테이프(No.52) 120cm

2.5cm폭 반사 테이프(No.55) 120cm

2cm폭 벨크로 20cm

장식 단추 지름 2.3cm 1개

2.5cm폭 □링 1개

2.5cm폭 연결 고리 1개

장식 단추 지름 2.3cm 1개

●완성치수

세로 23cm× 가로 24cm× 밑모서리 8cm

※제도에 시접은 포함되어 있지 않습니다.
□둘레의 숫자는 시접입니다. 지정되지
않은 곳은 모두 1cm의 시접을 더해 재단
합니다.

● 제도 ●

52·55의 만드는 방법

봉합의 시작과 끝은 되돌아박기를 합니다

❶ 어깨끈 · 여밈을 만든다

❷ 바닥선을 봉합한다

❸ 어깨끈 · 여밈을 달아준다

❹ 입구를 봉합한다

❺ 옆선을 봉합한다

❻ 밑모서리를 봉합한다

❼ 창구멍을 감침질한다

❽ 벨크로를 붙인다

❾ 장식 단추를 달아준다

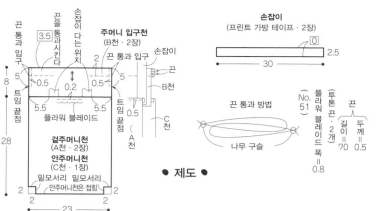

끈 통과 입구

끈을 통과시킨다

손잡이 다는 위치

3.5

주머니 입구천
(B천·2장)

손잡이

5 0.5 0.2 0.5 5

끈 통과 입구

B천

8 5.5 5.5 0.5 C천

틈임 끝점 플라워 블레이드 틈임 끝점

A천

겉주머니천
(A천·2장)

안주머니천
(C천·1장)

28

밑모서리 밑모서리
안주머니천은 접힘

2 2 2 2

2 23 2

● 제도 ●

손잡이
(프린트 가방 테이프·2장)

0

30 2.5

끈 통과 방법

나무 구슬

플라워 블레이드 폭 = 0.8

투톤 끈·2장

No. 51

끈 길이 = 70 두께 = 0.5

재료 ●●●●●●●

A천(옥스퍼드 퀼팅)30cm폭 50cm

B천(옥스퍼드)50cm폭 20cm

C천(20수 평직)60cm폭 30cm

2.5cm폭 프린트 가방 테이프 70cm

두께 0.5cm의 투톤 끈 140cm

나무 구슬 15mm 2개

0.8cm폭 플라워 블레이드 50cm

● 완성 치수

세로 34cm× 가로 19cm× 밑모서리 4cm

23 페이지 **51·57**

실물크기 패턴은 들어있지 않습니다.
※제도에 시접은 포함되어 있지 않습니다.
□둘레의 숫자는 시접입니다. 지정되지
않은 곳은 모두 1cm의 시접을 더해 재단
합니다.

57 51

51·57의 만드는 방법

봉합의 시작과 끝은 되돌아박기를 합니다

❶ 겉주머니천에 플라워 블레이드를 단다 (No. 51만)

봉합

플라워 블레이드

겉주머니천(겉)

❷ 겉주머니천의 바닥선을 봉합한다

봉합

겉주머니천(안)

①봉합 ②가름솔한다

❸ 겉주머니천에 손잡이를 달아준다

봉합

손잡이

겉주머니천(겉)

❾ 주머니 입구를 봉합한다

주머니 입구천(안)

겉주머니천(안)

②봉합

①겉주머니천·주머니 입구천·안주머니천을 겹쳐준다

안주머니천(안)

❺ 겉주머니천의 밑모서리를 봉합한다

겉주머니천(안)

①솔기를 바닥과 옆의 맞춰준다

②봉합

❹ 겉주머니천의 옆선을 봉합한다

②가름솔한다

①봉합

겉주머니천(안)

❿ 창구멍을 감침질한다

주머니 입구천(안)

안주머니천(겉)

②창구멍을 감침질한다

①창구멍을 통해 겉으로 뒤집는다

❼ 안주머니천의 밑모서리를 봉합한다

안주머니천(안)

①솔기를 중앙과 옆의 맞춰준다

②봉합

❻ 안주머니천의 옆선을 봉합한다

안주머니천(안)

③가름솔한다

②봉합

12cm 창구멍을 남기고 봉합한다

①바닥선을 접는다

⓫ 끈을 통과시킨다

주머니 입구천(겉)

①끈을 통과시킨다

②나무 구슬을 통과시킨다

③묶는다

겉주머니천(겉)

❽ 주머니 입구천을 만든다

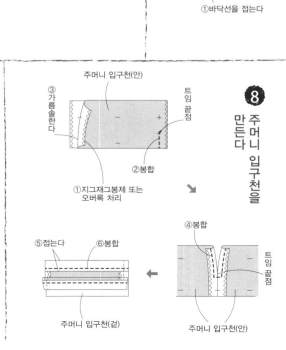

주머니 입구천(안)

③가름솔한다

틈임 끝점

②봉합

①지그재그봉제 또는 오버록 처리

④봉합

틈임 끝점

주머니 입구천(안)

⑤접는다 ⑥봉합

주머니 입구천(겉)

재료 ●

A천(코튼리넨 캔버스 퀼팅 No.80·81)
70cm폭 50cm
A천(코튼리넨 캔버스 No.82)70cm폭 50cm
B천(20수 평직)70cm폭 50cm
2.5cm폭 프린트 가죽 테이프 80cm
● 완성치수
세로 30cm× 가로 38cm× 밑모서리 4cm

손잡이 (가죽 테이프 · 2개) ☐

2.5

35

손잡이 다는 위치

13 ⟷ 13
0.1

A천
B천

● 제도 ●

걸주머니천 (A천 · 2장)
안주머니천 (B천 · 1장)

32

밑모서리   안주머니천 접힘   밑모서리
2   42   2

38 페이지 80~82

실물크기 패턴은 들어있지 않습니다

※제도에 시접은 포함되어 있지 않습니다.
☐둘레의 숫자는 시접입니다. 지정되지
않은 곳은 모두 1cm의 시접을 더해 재단
합니다.

81   80

82

※80~82의 만드는 방법은 119페이지 참조.

재료

A천(20수 평직 · No.84)10cm폭 10cm
A천(20수 평직 · No.85)20cm폭 10cm
두께 0.4cm의 내추럴 테이프 40cm
아플리케 와펜 1장
네임 라벨 SS 1장

● 제도 ●

여밈 (No.85 · A천 · 2장)

길이 38cm의
내추럴 고리

8   둘레는 자르지 않음
0.5
0.1 ⟷ 6
0.4   0.7
끈 고정 봉합

여밈 (No.84 · A천 · 2장)

길이 38cm의
내추럴 고리

10   둘레는 자르지 않음
0.5
0.1 ⟷ 4
0.4   0.7
끈 고정 봉합

38 페이지 84·85

실물크기 패턴은 들어있지 않습니다

84

85

※아플리케 와펜과
네임 라벨을 균형에
맞게 붙여줍니다

재료

A천(옥스퍼드 퀼팅)40cm폭 90cm
B천(20수 평직)70cm폭 50cm
2.5cm폭 프린트 가방 테이프 70cm
● 완성치수
세로 30cm× 가로 40cm

● 제도 ●

손잡이
(프린트 가방 테이프 · 2개) ☐
2.5
32

손잡이 다는 위치

11   11
0.1

A천
B천

걸주머니천 (A천 · 2장)
안주머니천 (B천 · 1장)

30

안주머니천은 접힘

40

23 페이지 50·56

실물크기 패턴은 들어있지 않습니다

※제도에 시접은 포함되어 있지 않습니다.
☐둘레의 숫자는 시접입니다. 지정되지
않은 곳은 모두 1cm의 시접을 더해 재단
합니다.

50

56

CAR GRAND PRIX

※50·56의 만드는 방법은 30페이지 참조.

재료

겉감(옥스퍼드)110cm폭
120cm **120cm** **170cm** 180cm
0.7cm폭 고무밴드
80cm **80cm** **90cm** 90cm
1.27cm폭 바이어스테이프
70cm **80cm** **80cm** 80cm
0.8cm폭 플라워 블레이드(No.48)
100cm **105cm** **110cm** 120cm
와펜 1장
● 완성치수
(전체길이) 40.5cm **44.5cm** **48.5cm** 52.5cm
(소매길이) 38.5cm **41.4cm** **46.4cm** 50.2cm
(가슴둘레) 83cm **86cm** **88cm** 96cm

※48·49의 만드는 방법은 34페이지 참조.

● 90·100cm 사이즈 겉감 재단 방법 ●

⟷ 소매
1.5   1
1.5   주머니
1
1.5
2

접힘
3.5 앞   뒤 3.5
1   1

120
cm

110cm폭

⬭ 의 부분은 실물크기 패턴을 사용합니다.

● 제도 ●

22 페이지 48·49

실물크기 패턴은 C면 68·69번을 베끼고,
제도를 보며 수정합니다.

※패턴·제도에 시접은 포함되어 있지 않습니다.

48

49

┌─── **사이즈 표시** ───┐
90cm 사이즈 — 상
100cm 사이즈 — 중상
110cm 사이즈 — 중하
120cm 사이즈 — 하
1개 밖에 없는 숫자는 공통
└────────────────┘

● 110·120cm 사이즈 겉감 재단 방법 ●

앞   접힘
1   주머니
3.5   1   2
1.5   1
1

소매
1.5
1.5   1.5
1   뒤 3.5
접힘   1

170
cm
180
cm

110cm폭

⟷ 겉

No.48   No.49

1.5   1.5

전체에
37
40
41.5
43 cm의
고무밴드를 통과시킨다

뒷중심선 접힘

⟷ 뒤

플라워 블레이드(No.48)

고무밴드를 통과시킨다

⟷ 앞

앞중심선 접힘

주머니 다는 위치

플라워 블레이드(No.48)

고무밴드
바이어스테이프

주머니 1.5
0.1 ⟷

No.48
플라워
블레이드 폭
= 0.8

소매
16
16
17
17cm의 고무밴드를
통과시킨다

고무밴드를 통과시킨다

고무밴드

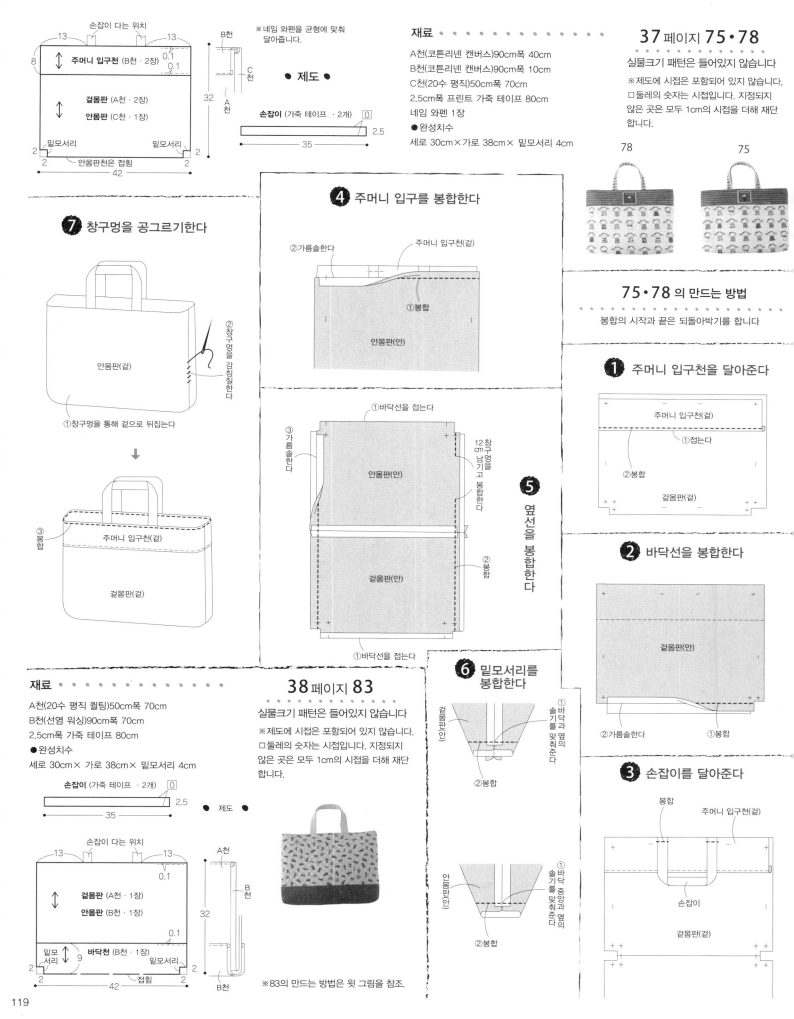

제도 (상단 좌측)

손잡이 다는 위치

13 　 13

8

주머니 입구천 (B천·2장)　0.1　0.1

겉몸판 (A천·2장)

안몸판 (C천·1장)

32

밑모서리　　밑모서리

2　　2

안몸판천은 접힘

42

B천 / C천 / A천

※네임 와펜을 균형에 맞춰 달아줍니다.

● 제도 ●

손잡이 (가죽 테이프 · 2개) 　[0]

2.5

35

재료

A천(코튼리넨 캔버스)90cm폭 40cm

B천(코튼리넨 캔버스)90cm폭 10cm

C천(20수 평직)50cm폭 70cm

2.5cm폭 프린트 가죽 테이프 80cm

네임 와펜 1장

● 완성치수

세로 30cm×가로 38cm× 밑모서리 4cm

---

37 페이지 75·78

실물크기 패턴은 들어있지 않습니다

※제도에 시접은 포함되어 있지 않습니다. □둘레의 숫자는 시접입니다. 지정되지 않은 곳은 모두 1cm의 시접을 더해 재단합니다.

78　　75

75·78 의 만드는 방법

봉합의 시작과 끝은 되돌아박기를 합니다

❶ 주머니 입구천을 달아준다

주머니 입구천(겉)

①접는다

②봉합

겉몸판(겉)

❷ 바닥선을 봉합한다

겉몸판(안)

❸ 손잡이를 달아준다

봉합

주머니 입구천(겉)

손잡이

겉몸판(겉)

---

❹ 주머니 입구를 봉합한다

②가름솔한다

주머니 입구천(겉)

①봉합

안몸판(안)

❺ 옆선을 봉합한다

①바닥선을 접는다

③가름솔한다

안몸판(안)

12cm 창구멍을 남기고 봉합한다

겉몸판(안)

②봉합

①바닥선을 접는다

❻ 밑모서리를 봉합한다

겉몸판(안)

①솔 바기를 옆의 맞춰준다

②봉합

안몸판(안)

①솔 바기를 중앙과 옆의 맞춰준다

②봉합

❼ 창구멍을 공그르기한다

안몸판(겉)

②창구멍을 감침질한다

①창구멍을 통해 겉으로 뒤집는다

③봉합

주머니 입구천(겉)

겉몸판(겉)

재료

A천(20수 평직 퀼팅)50cm폭 70cm

B천(선염 워싱)90cm폭 70cm

2.5cm폭 가죽 테이프 80cm

● 완성치수

세로 30cm× 가로 38cm× 밑모서리 4cm

손잡이 (가죽 테이프 · 2개)　[0]

2.5

35

● 제도 ●

제도 (하단 좌측)

손잡이 다는 위치

13 　 13

0.1

겉몸판 (A천 · 1장)

안몸판 (B천 · 1장)

32

0.1

밑모서리

바닥천 (B천 · 1장)　9

밑모서리

2　　2

접힘

42

A천 / B천

---

38 페이지 83

실물크기 패턴은 들어있지 않습니다

※제도에 시접은 포함되어 있지 않습니다. □둘레의 숫자는 시접입니다. 지정되지 않은 곳은 모두 1cm의 시접을 더해 재단합니다.

※83의 만드는 방법은 윗 그림을 참조.

119

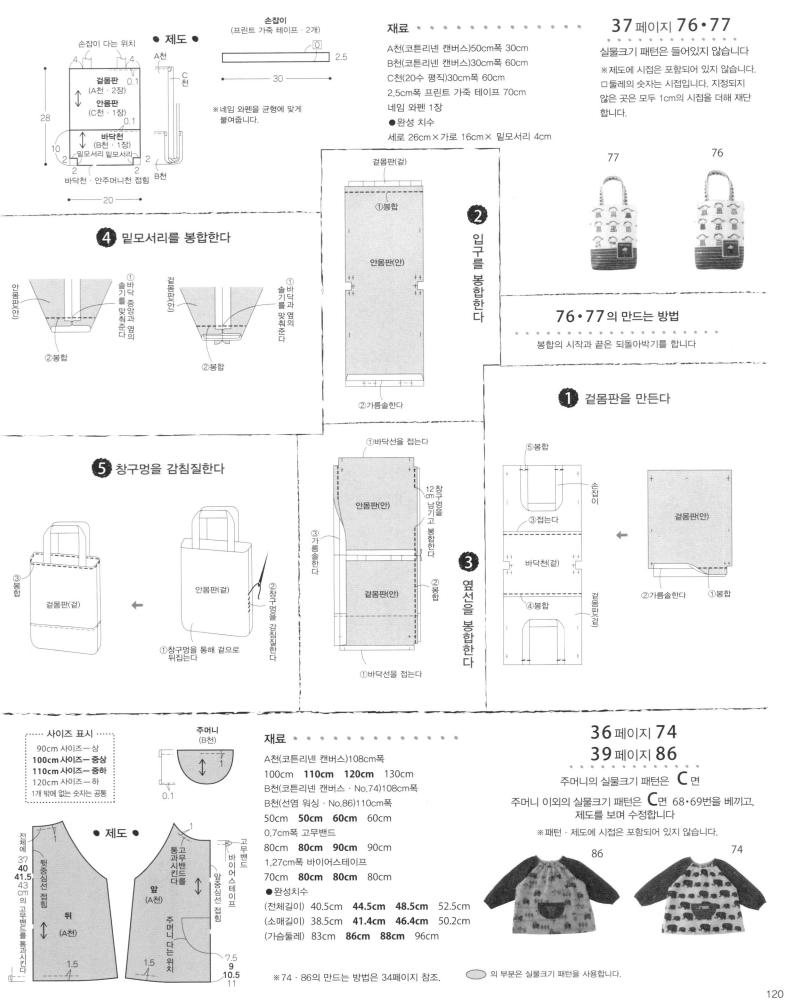

제도 ●

손잡이 다는 위치
손잡이 (프린트 가죽 테이프 · 2개)

겉몸판 (A천 · 2장)
안몸판 (C천 · 1장)
바닥천 (B천 · 1장)
밑모서리 밑모서리
바닥천 · 안주머니천 접힘

A천
C천
B천

28
10
20
4 4
0.1
0.1
2 2 2

0
2.5
30

※네임 와펜을 균형에 맞게 붙여줍니다.

재료
A천(코튼리넨 캔버스)50cm폭 30cm
B천(코튼리넨 캔버스)30cm폭 60cm
C천(20수 평직)30cm폭 60cm
2.5cm폭 프린트 가죽 테이프 70cm
네임 와펜 1장
● 완성 치수
세로 26cm×가로 16cm× 밑모서리 4cm

37 페이지 76·77

실물크기 패턴은 들어있지 않습니다
※제도에 시접은 포함되어 있지 않습니다. ㅁ둘레의 숫자는 시접입니다. 지정되지 않은 곳은 모두 1cm의 시접을 더해 재단 합니다.

77   76

76·77의 만드는 방법

봉합의 시작과 끝은 되돌아박기를 합니다

❹ 밑모서리를 봉합한다

안몸판(안)
① 솔기를 중앙과 옆의 맞춰준다
②봉합
겉몸판(안)
① 바닥과 옆의 솔기를 맞춰준다
②봉합

❷ 입구를 봉합한다

겉몸판(겉)
①봉합
안몸판(안)
②가름솔한다

❺ 창구멍을 감침질한다

③봉합
겉몸판(겉)
안몸판(겉)
②창구멍을 감침질한다
①창구멍을 통해 겉으로 뒤집는다

❸ 옆선을 봉합한다

①바닥선을 접는다
안몸판(안)
12 창구멍을 남기고 봉합한다
③가름솔한다
겉몸판(안)
②봉합
①바닥선을 접는다

❶ 겉몸판을 만든다

⑤봉합
③접는다
손잡이
바닥천(겉)
④봉합
겉몸판(겉)
겉몸판(안)
②가름솔한다
①봉합

사이즈 표시
90cm 사이즈 — 상
100cm 사이즈 — 중상
110cm 사이즈 — 중하
120cm 사이즈 — 하
1개 밖에 없는 숫자는 공통

주머니 (B천)
0.1
1

제도 ●

전체에 37 **40** 41.5 43 cm의 고무밴드를 통과시킨다
뒷중심선 접힘
뒤 (A천)
1.5
고무밴드 통과시킨다를
앞 (A천)
앞중심선 접힘
1
고무밴드
바이어스테이프
주머니 다는 위치
7.5 **9** 10.5 11
1.5

재료
A천(코튼리넨 캔버스)108cm폭
100cm **110cm 120cm** 130cm
B천(코튼리넨 캔버스 · No.74)108cm폭
B천(선염 워싱 · No.86)110cm폭
50cm **50cm 60cm** 60cm
0.7cm폭 고무밴드
80cm **80cm 90cm** 90cm
1.27cm폭 바이어스테이프
70cm **80cm 80cm** 80cm
● 완성치수
(전체길이) 40.5cm **44.5cm 48.5cm** 52.5cm
(소매길이) 38.5cm **41.4cm 46.4cm** 50.2cm
(가슴둘레) 83cm **86cm 88cm** 96cm

36 페이지 74
39 페이지 86

주머니의 실물크기 패턴은 **C** 면
주머니 이외의 실물크기 패턴은 **C** 면 68·69번을 베끼고, 제도를 보며 수정합니다
※패턴·제도에 시접은 포함되어 있지 않습니다.

86   74

※74·86의 만드는 방법은 34페이지 참조.

의 부분은 실물크기 패턴을 사용합니다.

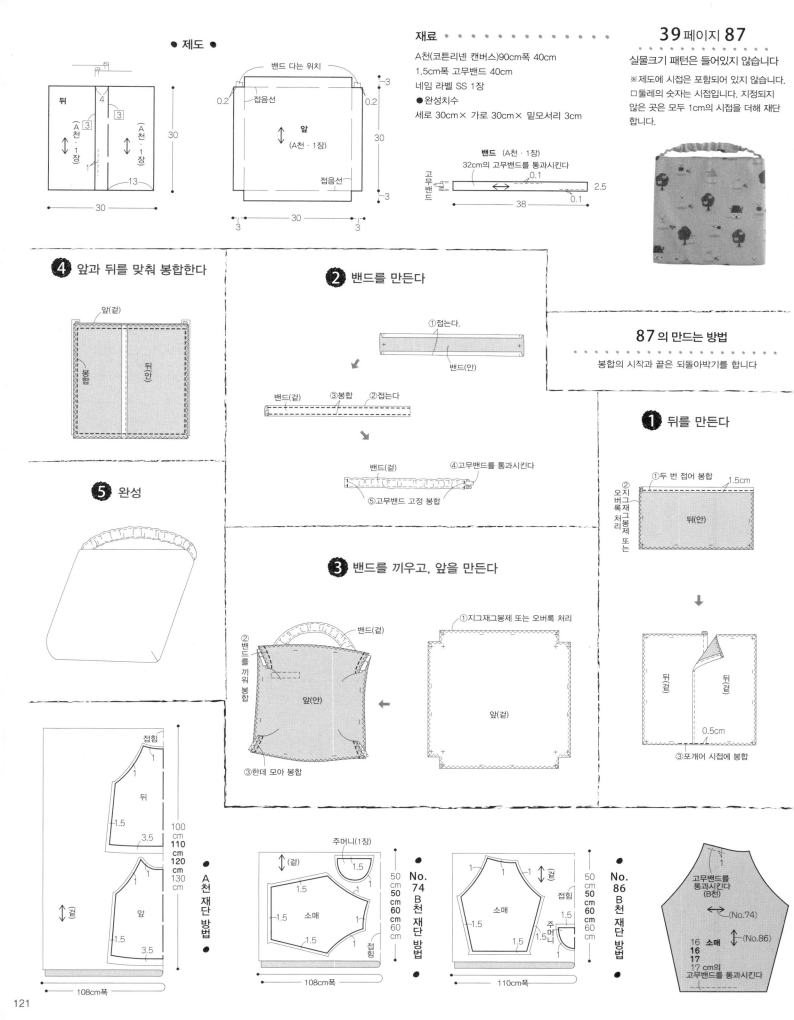

● 제도 ●

뒤

(A천·1장) 4 [3]
[3]
(A천·1장)

1
30
13
30

밴드 다는 위치
접음선 0.2   0.2
3
앞
(A천·1장)   30
3
접음선
3   30   3

재료 • • • • • • • • • •
A천(코튼리넨 캔버스)90cm폭 40cm
1.5cm폭 고무밴드 40cm
네임 라벨 SS 1장
● 완성치수
세로 30cm× 가로 30cm× 밑모서리 3cm

밴드 (A천·1장)
32cm의 고무밴드를 통과시킨다
고무밴드   0.1
2.5
38   0.1

39페이지 87
실물크기 패턴은 들어있지 않습니다
※제도에 시접은 포함되어 있지 않습니다.
□둘레의 숫자는 시접입니다. 지정되지
않은 곳은 모두 1cm의 시접을 더해 재단
합니다.

❹ 앞과 뒤를 맞춰 봉합한다

앞(겉)
봉합   뒤(안)

❷ 밴드를 만든다

①접는다.
+   +
밴드(안)

밴드(겉)   ③봉합   ②접는다
밴드(겉)   ④고무밴드를 통과시킨다
⑤고무밴드 고정 봉합

87 의 만드는 방법
봉합의 시작과 끝은 되돌아박기를 합니다

❶ 뒤를 만든다

①두 번 접어 봉합   1.5cm
②오지그재그봉제처리 또는
뒤(안)

❺ 완성

❸ 밴드를 끼우고, 앞을 만든다

②밴드를 끼워 봉합
밴드(겉)
앞(안)
③한데 모아 봉합

①지그재그봉제 또는 오버록 처리
+   +
앞(겉)
+   +

뒤(겉)   뒤(겉)
0.5cm
③포개어 시접에 봉합

접힘
뒤
1
1.5
3.5
100cm
110cm
120cm
130cm
A천 재단 방법
앞
1
1.5
3.5
겉
108cm폭

주머니(1장)
1.5
(겉)
1.5
1   1
소매   1
1.5
접힘
No.74 B천 재단 방법
50cm 50cm 60cm 60cm
108cm폭

(겉)
1   1
소매
접힘
1.5
1.5
주머니
1.5
No.86 B천 재단 방법
50cm 50cm 60cm 60cm
110cm폭

1
고무밴드를 통과시킨다(B천)
(No.74)
16 소매 (No.86)
16
17
17 cm의 고무밴드를 통과시킨다

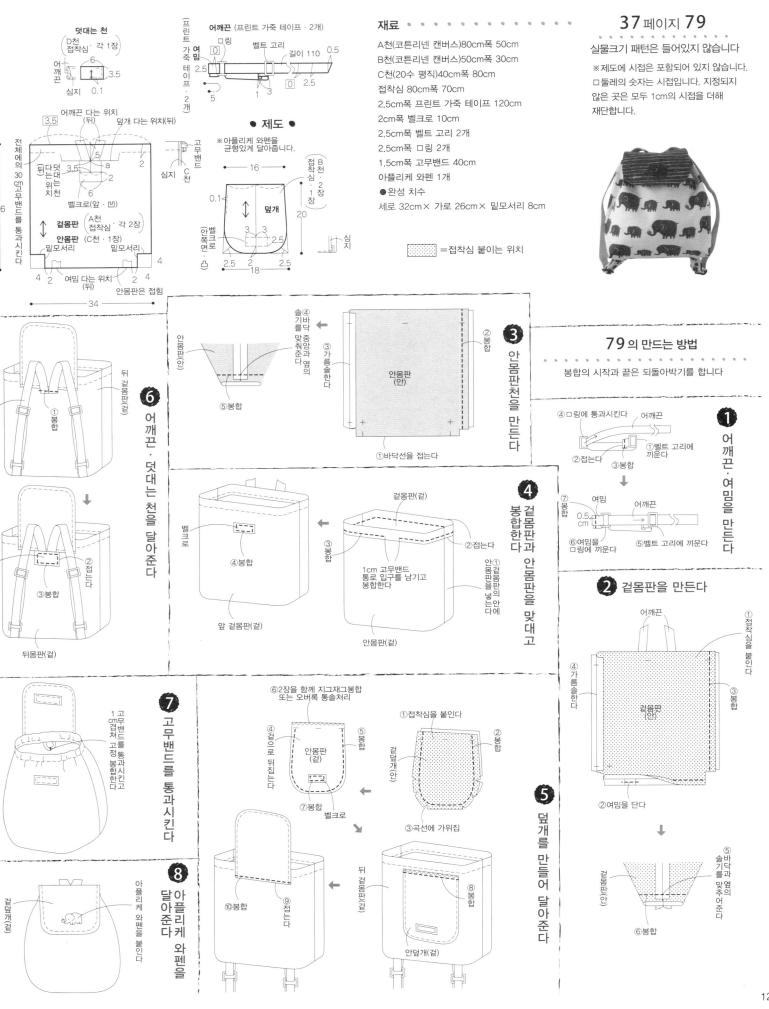

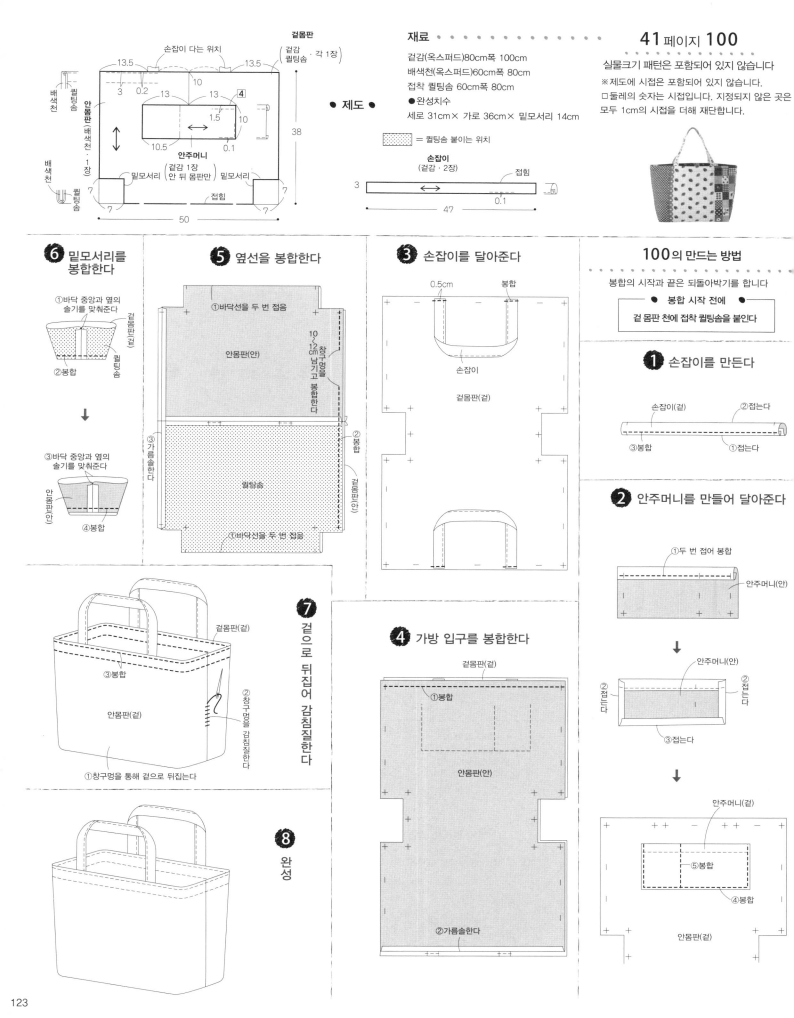

제도

걸몸판
(겉감 퀼팅솜 · 각 1장)

손잡이 다는 위치

13.5 13.5

3 0.2 10
안몸판(배색천 · 1장)

13 13 **4**

1.5 10

10.5 0.1

안주머니
(겉감 1장
안 뒤 몸판만) 밑모서리

밑모서리

접힘

38

50

7 7

배색천
퀼팅솜

배색천
퀼팅솜

재료

겉감(옥스퍼드)80cm폭 100cm
배색천(옥스퍼드)60cm폭 80cm
접착 퀼팅솜 60cm폭 80cm
● 완성치수
세로 31cm× 가로 36cm× 밑모서리 14cm

= 퀼팅솜 붙이는 위치

손잡이
(겉감 · 2장)

3 접힘

47 0.1

41 페이지 100

실물크기 패턴은 포함되어 있지 않습니다

※제도에 시접은 포함되어 있지 않습니다.
□둘레의 숫자는 시접입니다. 지정되지 않은 곳은
모두 1cm의 시접을 더해 재단합니다.

---

6 밑모서리를 봉합한다

①바닥 중앙과 옆의
솔기를 맞춰준다

걸몸판(겉)

②봉합 퀼팅솜

③바닥 중앙과 옆의
솔기를 맞춰준다

안몸판(안)

④봉합

5 옆선을 봉합한다

①바닥선을 두 번 접음

안몸판(안)

10~12cm 창구멍을 남기고 봉합한다

③가름솔한다

②봉합

걸몸판(안)

퀼팅솜

①바닥선을 두 번 접음

7 겉으로 뒤집어 감침질한다

8 완성

①창구멍을 통해 겉으로 뒤집는다

③봉합

걸몸판(겉)

안몸판(겉)

②창구멍을 감침질한다

3 손잡이를 달아준다

0.5cm 봉합

손잡이

걸몸판(겉)

4 가방 입구를 봉합한다

걸몸판(겉)

①봉합

안몸판(안)

②가름솔한다

100의 만드는 방법

봉합의 시작과 끝은 되돌아박기를 합니다

● 봉합 시작 전에 ●
겉 몸판 천에 접착 퀼팅솜을 붙인다

1 손잡이를 만든다

손잡이(겉) ②접는다
③봉합 ①접는다

2 안주머니를 만들어 달아준다

①두 번 접어 봉합

안주머니(안)

②접는다 안주머니(안) ②접는다

③접는다

안주머니(겉)

⑤봉합

④봉합

안몸판(겉)

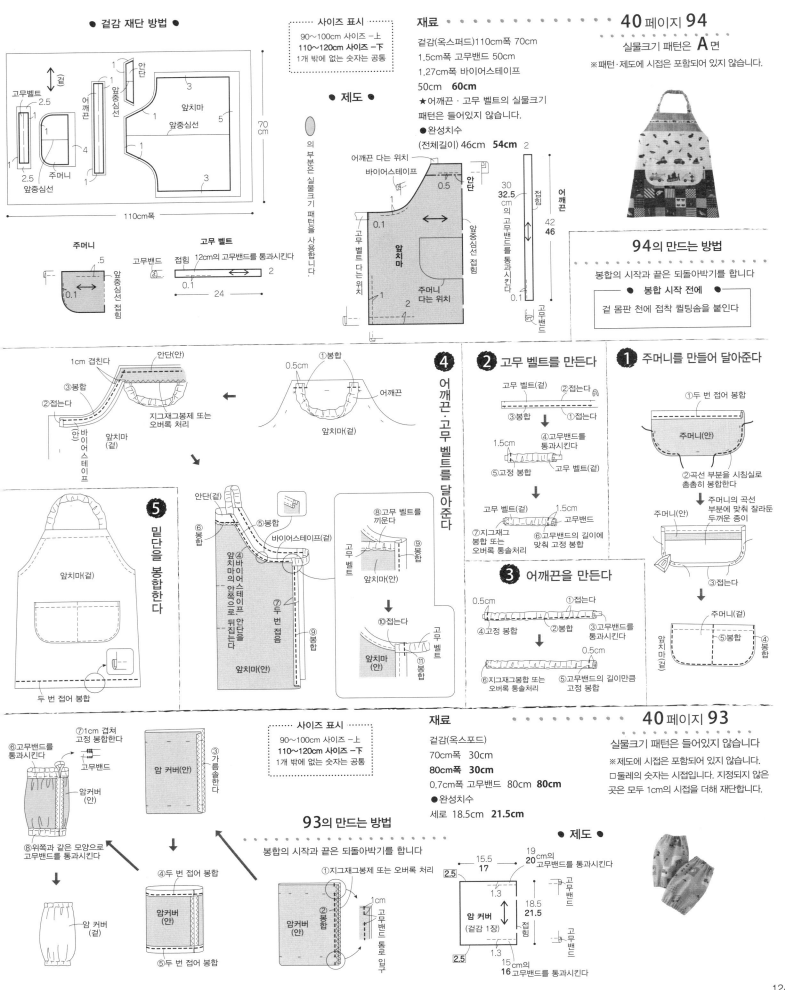

재료
겉감(옥스퍼드)70cm폭 40cm
배색천(옥스퍼드)30cm폭 60cm
2.5cm폭 벨크로 3cm
● 완성치수
세로 28cm×가로 20cm

※ 102·104의 만드는 방법은 45페이지 참조.

 의 부분은 실물크기 패턴을 사용합니다.

손잡이 (겉감·2장)

0.1

● 제도 ●

손잡이
다는 위치

여밈 다는 위치
(뒤만)

0.1

안몸판
(배색천·1장)

겉몸판
(겉감·1장)

벨크로(앞만·凹)

배색천

안몸판만 접힘

42페이지 102·104
실물크기 패턴은 **B**면 89·95번을 베끼고,
제도를 보며 수정합니다.

※ 제도에 시접은 포함되어 있지 않습니다.
1cm의 시접을 더해 재단합니다.

 102

 104

여밈
(겉감·2장)

0.1

0.1

0.1

벨크로
(안쪽면·凸)

벨크로

재료
겉감(옥스퍼드)90cm폭 50cm
배색천(옥스퍼드)50cm폭 70cm
2.5cm폭 벨크로 3cm
● 완성치수
세로 30cm×가로 40cm

※ 101·103의 만드는 방법은 45페이지 참조.

 의 부분은 실물크의 패턴을 사용합니다.

● 제도 ●

손잡이 (겉감·2장)

0.1

여밈 다는 위치
(뒤만)

손잡이 다는 위치

0.1

벨크로(앞만·凹)

배색천

겉몸판 (겉감·1장)

안몸판 (배색천·1장)

안몸판천만 접힘

42페이지 101·103
실물크기 패턴은 **A**면 88·96번을 베끼고,
제도를 보며 수정합니다.

※ 제도에 시접은 포함되어 있지 않습니다.
1cm의 시접을 더해 재단합니다.

 101

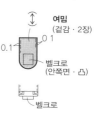 103

여밈
(겉감·2장)

0.1

0.1

벨크로
(안쪽면·凸)

벨크로

---

❸ 트임 부분을 봉합한다

봉합

주머니
천(안)

트임
끝점

주머니천(안) 두 번 접어 봉합

❹

봉
합
한
다

주
머
니
입
구
를

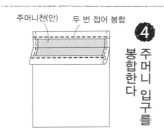

끼
운
②
나
무
구
슬
을

③
묶
는
다

통
과
①
끈
을
시
킨
다

❺

끈
을
통
과
시
킨
다

주머니천(겉)

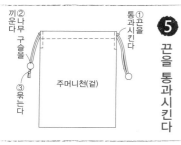

❻

완
성

105~112의 만드는 방법

봉합의 시작과 끝은 되돌아박기를 합니다

❶ 주머니천의 바닥선을 봉합한다

주머니천(겉)

① 지그재그봉제 또는 오버록 처리

주머니천(안)

② 봉합

③ 가름솔한다

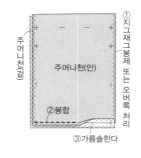

❷ 옆선을 봉합한다

주머니천(겉)

트임
끝점

주머니천(안)

트임
끝점

② 가름솔한다

① 봉합

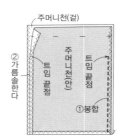

재료
겉감(옥스퍼드)60cm폭 40cm
0.4cm폭 둥근 끈 150cm
나무 구슬 2개
● 완성 치수
세로 32cm×가로 24cm

● 제도 ●

둥근 끈·2개	끈	
	길이	굵기
	75	0.4

끈 통과 방법

나무 구슬   나무 구슬

끈 통과 방법

끈 통로 입구   3.5   끈 통로 입구

2

5   0.5   0.5   5

트임
끝점

주머니천
(겉감·2장)

트임
끝점

32

24

42페이지 105~112
실물크기 패턴은 들어있지 않습니다.

※ 제도에 시접은 포함되어 있지 않습니다.
□둘레의 숫자는 시접입니다. 지정되지 않은
곳은 모두 1cm의 시접을 더해 재단합니다.

106   105

108   107

110   109

112   111

재료
A천(코튼리넨 캔버스)50cm폭 70cm
B천(코튼리넨 캔버스)50cm폭 20cm
C천(20수 평직) 50cm폭 70cm
2.5cm폭 가방끈 70cm
●완성치수
세로 30cm ×가로 40cm

손잡이 (가방끈·2개)

2.5
32

손잡이 다는 위치
11   11
0.1
A천
C천
걸몸판
(A천·1장)
안몸판
(C천·1장)
30
0.1
9
바닥천
(B천·1장)
40
접힘
B천

49페이지 **129**

실물크기 패턴은 들어있지 않습니다

※제도에 시접은 포함되어 있지 않습니다.
□둘레의 숫자는 시접입니다. 지정되지
않은 곳은 모두 1cm의 시접을 더해
재단합니다.

114

119

● 제도 ●

※129의 만드는 방법은 30페이지 참조.

46페이지 **114**
47페이지 **119**

실물크기 패턴은 들어있지 않습니다

※제도에 시접은 포함되어 있지 않습니다.
□둘레의 숫자는 시접입니다. 지정되지
않은 곳은 모두 1cm의 시접을 더해
재단합니다.

재료
A천(코튼리넨 캔버스 보더 프린트)70cm폭 50cm
B천(20수 평직)70cm폭 50cm
2.5cm폭 스티치 가방끈(No.114)70cm
2.5cm폭 가방끈(No.119)70cm
●완성치수
세로 30cm ×가로 40cm

손잡이
(No.114·가방끈·2개)
(No.119·가방끈·2개)

2.5
32

● 제도 ●

손잡이 다는 위치
11   11
A천
0.1
B천
걸몸판
(A천·2장)
30
안몸판
(B천·1장)
안몸판천은 접힘
40

※114·119의 만드는 방법은 30페이지 참조.

125·127의 만드는 방법

봉합의 시작과 끝은 되돌아박기를 합니다

❶ 레이스를 달아준다

No.125

레이스A
레이스B
겉몸판(겉)
봉합

No.127

레이스C   봉합
겉몸판(겉)
레이스C   봉합

※자세한 만드는 방법은 30페이지 참조.

재료
A천(옥스퍼드·No.124·125)50cm폭 70cm
A천(코튼리넨 캔버스·No.127)50cm폭 70cm
B천(20수 평직)50cm폭 70cm
2.5cm폭 가방끈 70cm
2.5cm폭 토션 레이스A(No.125)70cm
1.2cm폭 토션 레이스B(No.125)70cm
1.2cm폭 토션 레이스C(No.127)90cm
장식 단추 크기 1.1cm (No.127) 2개
●완성치수
세로 30cm × 가로 40cm

손잡이 (가방끈·2개)
2.5
32

● 제도 ●

48페이지 **124·125**
49페이지 **127**

실물크기 패턴은 들어있지 않습니다

※제도에 시접은 포함되어 있지 않습니다.
□둘레의 숫자는 시접입니다. 지정되지
않은 곳은 모두 1cm의 시접을 더해
재단합니다.

124

125

127

완성

No.125

No.127

장식
단추를
단다

No.124·125
A천
손잡이 다는 위치
11   11
A천
B천
2.5 2
No.125
장식
단추
No.127
앞단
2
0.1 6.5
B천
레이스C
No.127
30
레이스A 레이스B No.125 No.125 1   No.127
걸몸판 (A천·1장)
안몸판 (B천·1장)
접힘
40
No.125
레이스A 레이스B B천
A천

토션레이스C폭 (No.127)	레이스C (No.127)	토션레이스B폭 (No.125)	레이스B (No.125)	토션레이스A폭 (No.125)	레이스A (No.125)	레이스A폭 (No.127)	레이스A (No.127)	장식단추 크기 (No.127)
=1.2		=1.2		=2.5		=1.1		=1.1

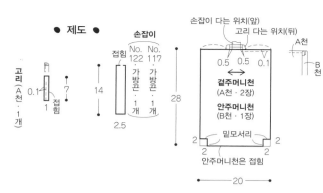

● 제도 ●

손잡이

고리(A천·1개)

접힘

손잡이 다는 위치(앞)
고리 다는 위치(뒤)

	No.122	No.117
접힘	가방끈·1개	가방끈·1개

0.1 7

14

2.5

28

겉주머니천
(A천·2장)

안주머니천
(B천·1장)

밑모서리

안주머니천은 접힘

20

재료 • • • • • • • •

A천(코튼리넨 캔버스 보더 프린트)70cm폭 30cm
B천(20수 평직)60cm폭 30cm
2.5cm폭 가방끈(no.117)30cm
2.5cm폭 가방끈(no.122)30cm
● 완성치수
세로 26cm× 가로 16cm× 밑모서리 4cm

46 페이지 117
47 페이지 122

실물크기 패턴은 포함되어 있지 않습니다

※제도에 시접은 포함되어 있지 않습니다
▢둘레의 숫자는 시접입니다. 지정되지
않은 곳은 모두 1cm의 시접을 더해
재단합니다.

122   117

※117·122의 만드는 방법은 31페이지 참조.

● 제도 ●

끈(장식끈·2개)
길이 65 굵기 0.4

3.5

끈 통로 입구
끈을 통과시킨다
끈 통로 입구

주머니천
(A천·1장)

(No.116·130)

5 0.5 (No.121) (No.121) 0.5 5

25 틈임 끝점 틈임 끝점

5 5

접힘(No.116·130) 이음(No.121)

27

끈

끈의 통과 방법

나무 구슬
(No.121·130)

나무 구슬
(No.116)

재료 • • • • • • • •

A천(옥스퍼드·No.116·130)30cm폭 60cm
A천(코튼리넨 캔버스 보더 프린트·No121)60cm폭 30cm
굵기 0.4cm의 장식 끈 130cm
나무 구슬 12mm(No.116) 2개
나무 구슬 15mm(No.121·130) 2개
● 완성치수
세로 20cm× 가로 27cm× 밑모서리 10cm

46 페이지 116
47 페이지 121
49 페이지 130

실물크기 패턴은 포함되어 있지 않습니다

※제도에 시접은 포함되어 있지 않습니다
▢둘레의 숫자는 시접입니다. 지정되지
않은 곳은 모두 1cm의 시접을 더해
재단합니다.

130   121   116

---

④ 주머니 입구를 봉합한다

①두 번 접음 ②봉합

앞주머니천(안)

앞주머니천(안)

---

② 바닥을 접고, 옆선을 봉합한다

앞주머니천(안)

틈임 끝점 틈임 끝점

②봉합

①접는다 뒷주머니천(안)

116·121·130의 만드는 방법

봉합의 시작과 끝은 되돌아박기를 합니다

① 바닥선을 봉합한다

※No.116·130의 바닥천은 접힘입니다

주머니천(겉)

①지그재그봉제 또는 오버록 처리

↓

No.121만

앞주머니천(겉)

뒷주머니천(안)

②봉합

③2장을 함께 지그재그봉합 또는 오버록 통솔처리

---

⑤ 끈을 통과시킨다

①끈을 통과시킨다
②끼운다 나무 구슬을
③묶는다

앞주머니천(겉)

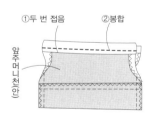

---

③ 틈임 부분을 봉합한다

뒷주머니천(안)

앞주머니천(안)

②봉합

①가름솔을 한다

틈임 끝점

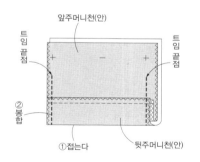

실물크기 패턴은 들어있지 않습니다

※제도에 시접은 포함되어 있지 않습니다.
□둘레의 숫자는 시접입니다. 지정되지
않은 곳은 모두 1cm의 시접을 더해
재단합니다.

120　　　　115

재료 • • • • • • • • • •

A천(옥스퍼드 · No.115)30cm폭 80cm
A천(코튼리넨 캔버스 보더 프린트 · No120)60cm폭 40cm
굵기 0.4cm의 장식 끈 150cm
블레이드(M · No.115) 80cm
나무구슬 15mm(No.115) 2개
플라스틱 둥근 링 15mm(No.120) 2개
●완성 치수
세로 32cm× 가로 24cm

※자세한 만드는 방법은
32페이지 참조.

끈의 통과 방법

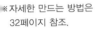

(No.115 · 나무 구슬)
(No.120 · 플라스틱 둥근 링)

● **제도** ●

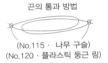

끈을
통과시킨다　3.5　끈 통로 입구
통로 입구
5　0.5　(No.120)　0.5　5
틈임끝점　주머니천　틈임끝점
(No.115 · A천 · 1장)
(No.120 · A천 · 2장)
32
블레이드
(No.115)　5
접힘(No.115)
이음(No.120)
24

재료 • • • • • • • • • •

A천(옥스퍼드 · No.113 · 126 · 128)40cm폭 90cm
A천(코튼리넨 캔버스 보더 프린트 · No118)90cm폭 50cm
A천(코튼리넨 캔버스 · No123)90cm폭 90cm
B천(선염 체크 · No.113 · 128)40cm 폭 30cm
B천(코튼리넨 캔버스 · No.118)40cm폭 30cm
굵기 0.4cm의 장식 끈 180cm
블레이드(M · No.113 · 118)70cm
블레이드(L · No.113)70cm
나무 구슬 15mm(No.113)2개
플라스틱 둥근 링 15mm(No.118 · 123 · 126 · 128) 2개
●완성치수
세로 40cm× 가로 30cm

끈의 통과 방법

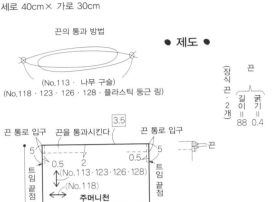

(No.113 · 나무 구슬)
(No.118 · 123 · 126 · 128 · 플라스틱 둥근 링)

● **제도** ●

(장식 끈 · 2개) 끈
길이=88　굵기=0.4

3.5
끈 통로 입구　끈을 통과시킨다　끈 통로 입구
5　0.5　2　0.5　5
틈임끝점　(No.113 · 123 · 126 · 128)　틈임끝점
(No.118)
40　**주머니천**
(No.113 · 123 · 126 · 128 · A천 · 1장)
(No.118 · A천 · 2장)
블레이드(No.113 · 118)
1　0.1
블레이드(No.113)
10
바닥천(No.113 · 118 · 128 · B천 · 1장)
접힘(No.113 · 118 · 123 · 128의 B천)
이음(No.118의 A천)
30

실물크기 패턴은 들어있지 않습니다

※제도에 시접은 포함되어 있지 않습니다.
□둘레의 숫자는 시접입니다. 지정되지
않은 곳은 모두 1cm의 시접을 더해
재단합니다.

118　　　　113

126　　　　123

128

No.113　No.118　No.128　No.123 · 126

※자세한 만드는 방법은 32페이지 참조.

113 · 115 · 118 · 128의 만드는 방법

봉합의 시작과 끝 되돌아박기를 합니다

※자세한 만드는 방법은 32페이지 참조.

No.115

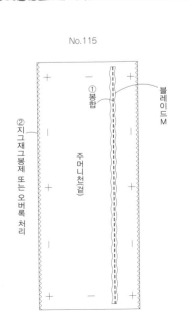

① 봉합　블레이드 M
② 지그재그봉제 또는 오버록 처리
주머니천(겉)

No.113

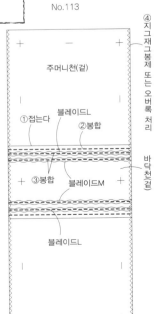

주머니천(겉)
①접는다　블레이드L
②봉합
④지그재그봉제 또는 오버록 처리
바닥천(겉)
③봉합　블레이드M
블레이드L

No.118

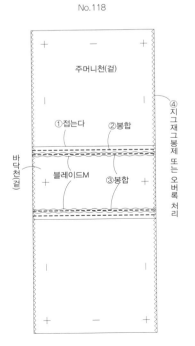

주머니천(겉)
①접는다　②봉합
④지그재그봉제 또는 오버록 처리
바닥천(겉)
블레이드M
③봉합

No.128

주머니천(겉)
①접는다　②봉합
③지그재그봉제 또는 오버록 처리
주머니천(겉)

내 손으로 직접 만들어 입히는
아이옷 만들기 : 쿠 치 토

〈CUCITO Vol.2〉
2010-2011 겨울·초봄호
임시특가 13,500원

〈CUCITO Vol.3〉
2011 봄호
정가 12,000원

〈CUCITO Vol.4〉
2011 여름호
정가 12,000원

〈CUCITO Vol.5〉
2011 가을호
정가 12,000원

아이옷 만들기 : 쿠 치 토

CUCITO Vol.6
2012 겨울 · 초봄호

발행일 2011년 12월 16일
발행인 신현호
편집장 정용효
에디터 임태훈 이재숙 정미정
편집 총괄 김미향
편집 남궁진 추수연 최안나 김석지 강미희
번역 leestran (강명희)
인쇄 호성인쇄

등록번호 제362-2009-7호
등록일자 2009년 5월 26일
발행처 (주)코하스 소잉 연구소 소잉스토리 사업팀
500-830 광주광역시 북구 무등로 (신안동) 120 해은회관 7층
대표전화 070_4014_3299
팩스 062_515_8958
홈페이지 www.sewingstory.com

ISBN 978-89-94710-23-5 14590
임시특가 13,500원

소잉스토리는 소잉D.I.Y 취미 실용서와 잡지를 출간합니다.

다음호 아이옷 만들기 : CUCITO 봄호는
2012년 3월에 발간될 예정입니다.

〈다음호 예고〉

봄의 캐주얼웨어

봄의 베이비웨어

가족이 즐길수 있는 봄의 Wardrobe 등....

※ 다음호 예고는 일부 변경되는 경우도 있습니다.